猫からのおねがい

猫も人も幸せになれる迎え方＆暮らし

監修　服部 幸（東京猫医療センター 院長）

写真　Riepoyonn（たむらりえ）

構成　ねこねっこ

neco-necco

はじめに

柔らかくって、美しくって、どこから見ても愛らしい。自分本位なようで、そっと心を寄り添わせてくれる。古くから人のそばに生きる身近な動物として、猫は世界中で愛されています。

日本では、2017年に犬の飼育数を上回り(※)、「最も人気のあるペット」の座に。大切な家族の一員として、健康と長生きを願う声も広く浸透しました。

※ペットフード協会「全国犬猫飼育実態調査」より

しかし、飼い主のいない猫をめぐるトラブルや、行き場を失って命を落とす猫たちの問題も、いまだ並行して起こっています。また、猫を過剰に繁殖させてしまう「多頭飼育崩壊」の増加や、相次ぐ災害での「猫の同行避難」の可否など、人の社会とも深く関わる新たな課題も見えてきました。

そして2019年には、「改正動物愛護管理法」が成立。2020年6月から段階的に施行されていきます。今後、猫に癒されたり、大切に想う気持ちだけではなく、習性を正しく知ったうえでのお世話が、ますます必要になるでしょう。

目まぐるしく変わる人の暮らしの影響を受けて、猫が置かれた環境も変化していく。時代の大きなうねりの中で、猫という動物そのものに対する価値観も、多様化しています。

そんな激動の「今」にいる猫と人が、「未来」に向けて、絆を切らすことなく生きていくためには？　答えは、猫を大好きな一人一人が、猫の幸せを考え抜いた先にあるような気がします。

そこで、「今の時代に合った形で、迎える前から知っておきたい知識や飼い方を丸ごとまとめたガイドブック」というイメージで、本書を作りあげました。

猫の健康や病気、生活などの最新データや情報をもとに「東京猫医療センター」の院長・服部幸先生にアドバイスをいただき、さらに改正法のポイントも加えています。本書が「猫と人とのこれからの暮らし」を考えるきっかけになれば幸いです。

ねこねっこより

幸せな暮らしを、これからもずっと。

Contents

4のおねがい　ずうっと、離れたくない

本書の案内猫(あんないにゃん)たち

おうちの中で、飼い主さんの愛情をたっぷり受けて穏やかに暮らす
3匹の姿もヒントに、猫の幸せをいっしょに考えてみましょう

そらくん（5才）　カヌレくん（3才）アメリちゃん（3才）
＝“アメカヌちゃん”きょうだい

＊3匹の写真は、すべて飼い主のたむらりえさん撮影

1のおねがい

丸ごと知ってね、
わたしのこと

法律で見ると、人と暮らす猫は「家庭動物」

飼い猫に大きく関わる「動物愛護管理法」。どんな法律？

日本での動物に関する本格的な法制化は、庶民の間でも広く猫が飼われるようになった江戸時代。有名な「生類憐みの令」は徳川綱吉の死後すぐに廃止されましたが、明治以降も、おもに人への危害や伝染病を予防することを目的に、動物に関する法制化が進んでいきました。

動物と一言でいっても、人と関わりが深い「飼養動物」もいれば、自然の中で暮らす「野生動物」もいます。私たちの周りにいる愛らしい猫たちは飼養動物で、「**動物の愛護及び管理に関する法律**（以下、動物愛護管理法）」という法律が関わってきます。その名の通り「愛護」と「管理」の両方の側面があり、第１条の「目的」には、生命尊重や友愛、平和の情操の涵養だけではなく、動物による人の生命や身体、財産の侵害等を防ぐことも書かれています。民法上では「モノ（動産）」として扱われ権利や義務ももたない猫ですが（飼い猫が殺傷されれば、刑法上は「器物損壊罪」）、「命あるもの」としても扱われる動物愛護管理法では、みだりな殺傷や虐待を行えば、その罪に問われることになります（P103）。

また、この法律では、動物の所有者等が、愛護・管理に関する責任を十分に自覚し、動物の種類や習性などに応じて正しく飼養（または保管）する「**適正飼養**」が定められています。飼養動物は４つに区別され、人と暮らす飼い猫は「家庭動物」にあたります。ほかに「展示動物」「産業動物」「実験動物」がいて、それぞれの目的に合わせた適正飼養の基準が定められています（P14）。

動物愛護管理法は、2019年に大幅に改正！

動物愛護管理法は、もともと1973年に議員立法（議員によって法律案が発議され、成立した法律）によって「**動物の保護及び管理に関する法律**」という名で制定され、1999年に現在の名称に変更。2005年、2012年と法改正が行われ、さらに**2019年６月19日の大幅な改正**によって、**全65条→99条**と増えました。この改正法は、公布から１年以内にあたる2020年６月１日に施行されます（一部は公布から２年・３年以内と段階的に施行、P170）。

動物愛護管理法改正のポイント

適正飼養の基準を守る責務が明確に

「家庭動物」「展示動物」「産業動物」「実験動物」それぞれに定められた基準は、2019年の法改正によって、**遵守する責務があること**が明確化されました（改正法第７条第１項）。基準の内容は、法の施行状況や法改正を踏まえて見直しが検討されます。

〈動物の飼養及び保管に関する基準〉

家庭動物	家庭や学校などで飼われている動物 →**「家庭動物等の飼養及び保管に関する基準」** ★猫の飼養及び保管に関する基準を確認しましょう
展示動物	展示やふれあいのために飼われている動物 （動物園、ふれあい施設、ペットショップ、ブリーダー、動物プロダクションなど） →**「展示動物の飼養及び保管に関する基準」**
産業動物	牛や鶏など産業利用のために飼われている動物 →**「産業動物の飼養及び保管に関する基準」**
実験動物	科学的目的のために研究施設などで飼われている動物 →**「実験動物の飼養及び保管並びに苦痛の軽減に関する基準」**

出典：環境省「動物の適正な取扱いに関する基準等」

動物たちとの関わりの中で、法律も改正されてきました

保護猫、地域猫、ノネコ…。みんなイエネコ

私たちの周りにいる身近な動物「猫」。じつはいくつかの呼び名があります。まず、**正式な和名は「イエネコ」**です。“家”で暮らす“猫”のように読めますが、家の中で暮らしている「飼い猫」だけでなく、外で暮らしている「ノラ猫」も同じイエネコ。英語では「**ドメスティック・キャット**(Domestic cat)」といい、国際的に共通する学名では、「**フェリス・シルヴェストリス・カトゥス**(Felis silvestris catus)」です。

このような正式名とは別に、**「保護猫(ほごねこ)」「地域猫(ちいきねこ)」「ノネコ」と呼ばれる猫**たちもいます。これらもみんなイエネコですが、どのような違いがあるのでしょうか?

同じ「イエネコ」でも呼び方いろいろ!

新しい飼い主を待つ「保護猫」

最近よく使われる「保護猫」という言葉ですが、法律などによって決められた定義があるわけではありません。一般的には、以下のような猫を指していることが多いようです。

- 保健所・動物愛護管理センターといった行政の施設、保護団体のシェルター、個人ボランティアの自宅、動物病院などで「飼い主となる人を募集している猫」（P64）
- ノラ猫や外で生まれた子猫など「拾って迎え入れることになった猫」

保護猫の多くがミックス（雑種）ですが、過剰繁殖の現場や販売業者などのもとから救出された、“訳あり”の純血種などを指すこともあります。猫と新しい飼い主とをつなぐ「**保護猫カフェ**」も2009年頃から徐々に増え、全国へと広まっていきました（P88）

地域で管理されている「地域猫」

「地域猫」とは、単純に「その地域にいるノラ猫」ではなく、行政の指針に照らし合わせると、「**地域住民の十分な理解のもと管理されている、飼い主がいない猫**」といった意味になります。

外にいる飼い主のいない（所有者不明の）猫の命を大切に想

ってごはんをあげたい人もいる一方で、猫の糞尿や鳴き声、抜け毛の被害に困ったり、もともと猫が苦手な人（猫アレルギーの人も含む）もいるもの。もし不妊・去勢手術を施さずに地域内で猫が増え、さらにルールを守らないお世話（置き餌など）によって生活環境が損なわれてしまえば、地域内で感情の対立が誘発されます。トラブルへと発展した結果、動物愛護管理センター等に収容され、殺処分される猫を増やしてしまうリスクがあるのです。

そこで住民が主体となって、適正にノラ猫をお世話するのが「**地域猫活動**（ちいきねこかつどう）（地域猫対策）」。動物愛護管理法の趣旨に基づいて施策を推進するための「指針」として、環境省から各自治体にあてた告示にも記載されている取り組みです。**飼い主のいない猫を生み出さず、猫の引き取り数の削減推進を図る**ことなどが目的と書かれています（平成25年改正版）。

住宅密集地等において「**TNR（T：捕獲、N：不妊・去勢手術、R：元の場所に戻す）**」を行ったうえで、飼育管理者が決められた場所で食事や水を与えたり、排泄物の処理や周辺の清掃なども行い、一代限りの命を見守っていきます。

動物愛護管理法改正のポイント

飼い主のいない猫の引き取り拒否の範囲が拡大

都道府県知事は、原則として、所有者不明の犬や猫などの引き取りをすることが定められています。しかし、2019年の改正法によって、**「周辺の生活環境が損なわれ**

る事態が生ずるおそれがないと認められる」場合は引き取りを拒否できるようになりました（改正法第35条第１項、第３項）。今後、地域の実情に合わせた対策や対応がさらに必要とされ、地域猫活動の在り方に関しても検討が加えられていくことになりそうです。

TNRとは…

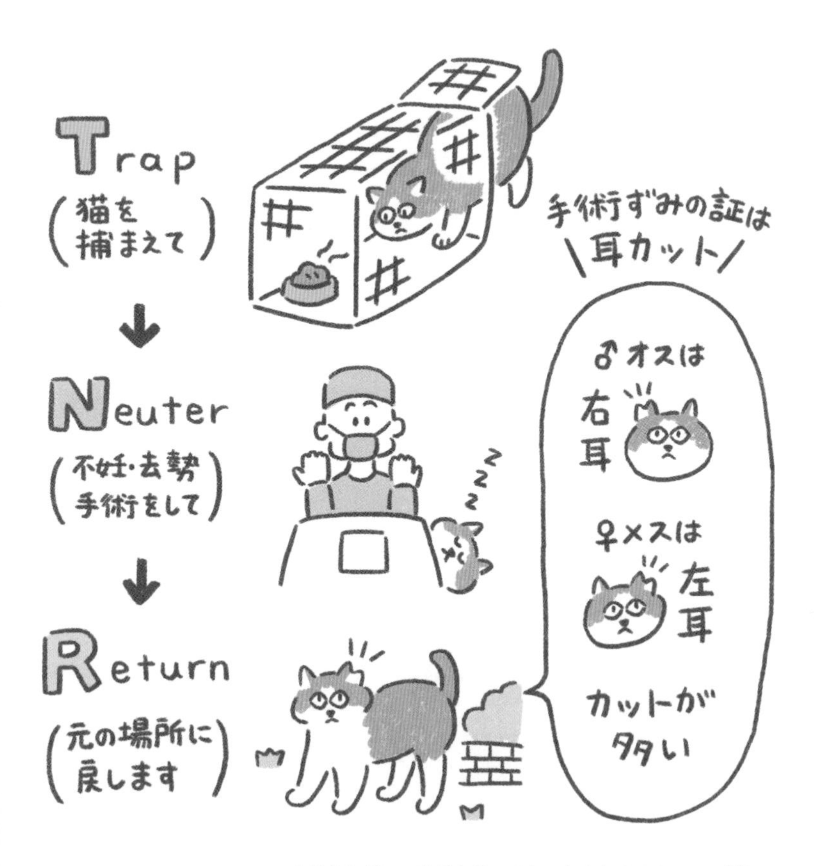

自然環境に住み着いた「ノネコ」

「**ノネコ**」という言葉を初めて聞くと、「ノラ猫？」「野生のヤマネコ？」と感じる方もいるかと思います。じつは「**野生化した猫**」（環境省のサイトより）のこと。人の生活圏を離れて森や山に入り、特定の地域にしか生息しない希少種を食べたり、遊びの延長で捕まえてしまうとして、生態系への影響が指摘されています。日本では、天売島（北海道）、小笠原諸島（東京都）、奄美大島・徳之島（鹿児島県）、やんばる（沖縄県）と、ヤマネコが生息する対馬（長崎県）・西表島（沖縄県）といった島を中心に問題となっています。

ノネコは、飼い猫やノラ猫、地域猫と同じイエネコですが、適用される法律が異なり、「**鳥獣の保護及び管理並びに狩猟の適正化に関する法律**（鳥獣保護管理法）」によって駆除の対象となってしまいます。しかし、中には、人のもとでキャットフードを食べている猫が山で希少種を捕まえてしまった例も報告されるなど、ノネコとノラ猫や外飼い猫との間の明確な「線引き」が難しい場合もあるようです。こうした点から、

猫を守りたい立場・希少種を守りたい立場から意見が上がり、大きな議論が巻き起こったケースもあります。

これまで捕獲したノネコは譲渡され、現在、獣医師やボランティアらの協力によって新しい飼い主さんのもとで暮らしている猫もいます。譲渡を進めていく一方で、飼い猫は室内飼育を徹底したり、外にいる猫には繁殖制限を施すなど、猫をノネコ化させない対策も必要とされています。

「ヤマネコ」は、猫（イエネコ）とは別種

ヤマネコとは、広義には野生の小型ネコ科動物のこと。イエネコの祖先もヤマネコの一種「リビアヤマネコ」（P26）です。

日本に生息するのは、長崎県の対馬の「**ツシマヤマネコ**」（右写真）、沖縄県の西表島の「**イリオモテヤマネコ**」の２種。どちらも、生息数が100匹前後と推定される**絶滅危惧種**です。

ライオンやチーターよりも、新しい種族です

猫（イエネコ）は分類上、**ネコ目ネコ亜目ネコ科**に属します。頭に付いている「ネコ目」は**食肉目**（しょくにくもく）ともいい、肉を食べるのに適した体をもつ動物たちのこと。ややこしいのですが、犬や熊、アシカだってネコ目です。

ネコ目の祖先は、約6500万〜4800万年前に生息していた「**ミアキス**」という、猫よりも小型の動物とされています。そこからネコ科動物は森林での樹上生活に適応して体を変化させ（ネコ亜目）、犬や熊、アシカなどの犬に近いグループ（イヌ亜目）の系統と分かれた先に誕生しました。

ちなみにミアキスは、現在生息している動物の中では、マダガスカル島の固有種のフォッサ（マングースの近縁種）が最も近い姿をしているといわれています。

ミアキスは、ネコ科動物だけではなく、犬や熊なども含めたすべての肉食動物の祖先

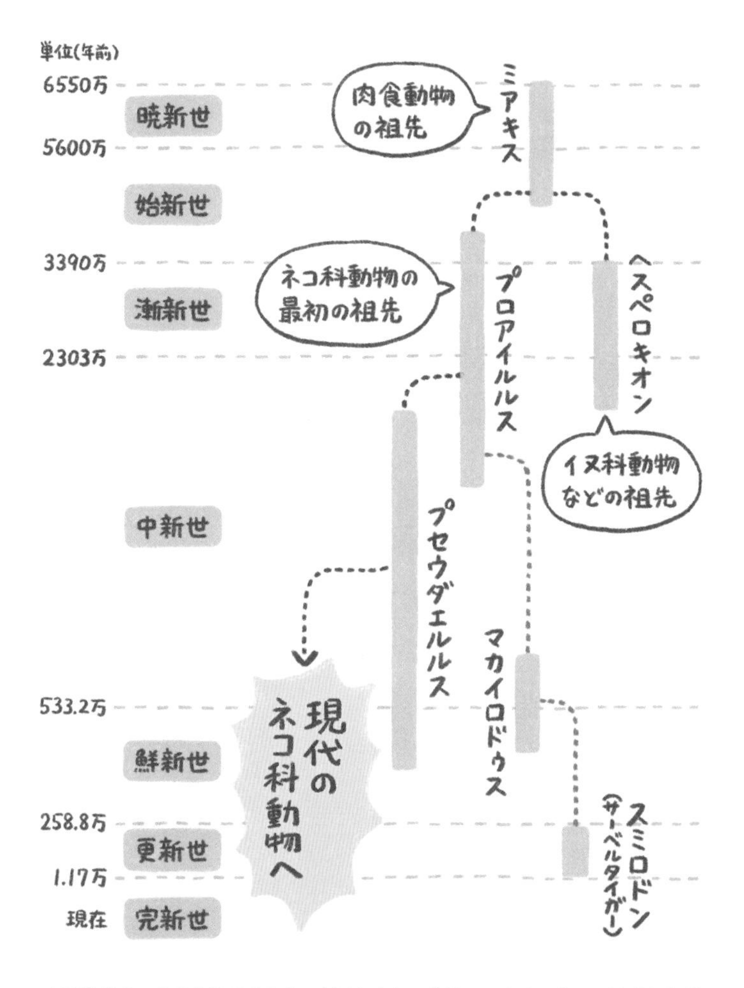

※動物学者の今泉忠明氏が作成した図をもとに作図。マカイロドゥスはプセウダエルルスから派生したなど、分岐にはさまざまな考え方がありますが、ここでは一つの説として紹介します

ネコ科8つの系統のうち、最後に登場

ネコ科動物の分類は、かつては見た目や分布する地域などに基づいて系統化されてきましたが、近年では、遺伝子研究の技術が進み、DNAの塩基配列の特徴によって分けられています。たとえば体が大きいチーターは比較的最近まで、ライオンやトラなどと同じヒョウの仲間とされていましたが、分析の結果、ピューマの仲間へと変わりました。

現在、ネコ科動物は**8系統37種**。最初に生まれた系統が大型の「ヒョウ系統」。猫が属する「イエネコ系統」はおよそ340万年前に分岐した**最も新しい系統**です。

マヌルネコは親戚で、ジャコウネコは遠縁!?

ふさふさのしっぽに、ずんぐりした体型。本来は高山に生息する「**マヌルネコ**」が動物園でも大人気ですね。マヌルネコは猫（イエネコ）と同じネコ科動物なので、猫からすれば親戚のような存在でしょうか。一方で、「ネコ」「キャット」の名が付くのに、ネコ科ではない動物もいます。

まずは、「**ジャコウネコ**」。ジャコウネコが食し消化されずに排泄された豆を使った高級コーヒー「コピ・ルアク」で名を知られています（生産方法を巡っては否定的な意見もあり）。「猫のコーヒー」と呼ばれたりもしますが、ジャコウネコは都心にも出没するハクビシンと同じジャコウネコ科。また、「キャット」が付くミーアキャットは、マングース科です。

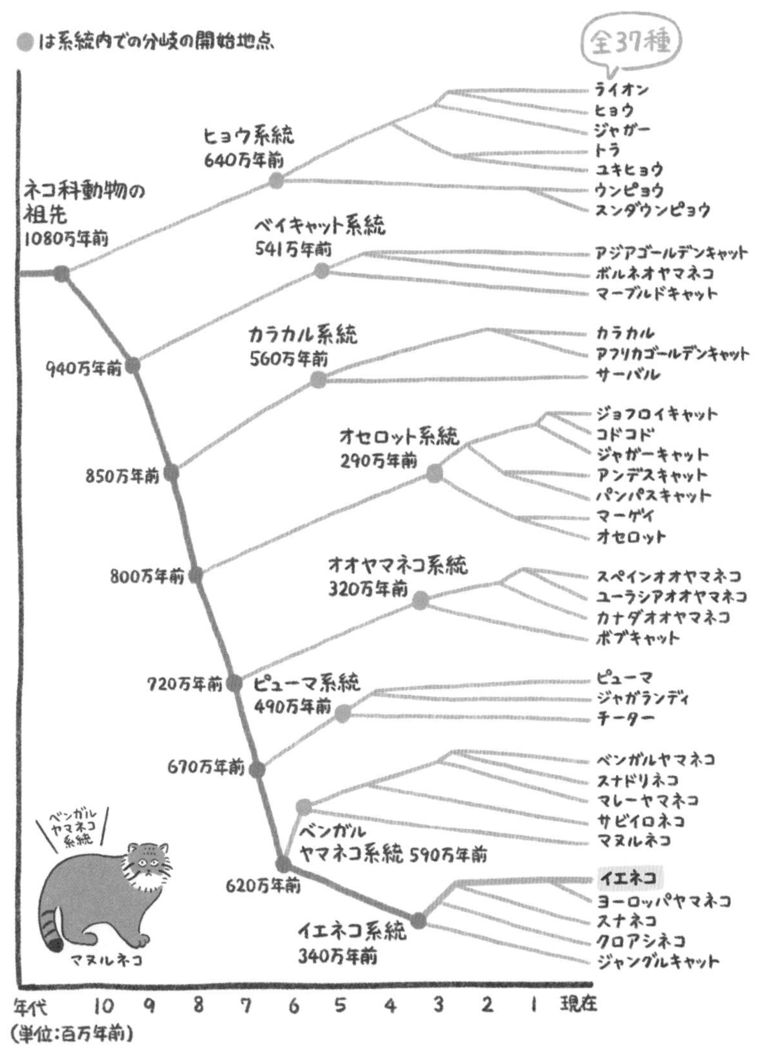

出典:『世界の美しい野生ネコ』(フィオナ・サンクイスト&メル・サンクイスト、今泉忠明・監修)

人との共生は「いいとこ取り」で始まった

猫（イエネコ）**の直接の祖先は、ヨーロッパヤマネコの亜種「リビアヤマネコ」**（下写真）です。このことは、2007年にヤマネコとイエネコのDNAサンプルを集めて解析した遺伝子研究の結果からも裏付けられています。

リビアヤマネコは、現在でもアフリカの北部一帯からアジア南西部にかけて生息するヤマネコで、猫よりも足が長く、ほっそりとした体型です。日本にも多い**キジトラ（ブラウン・マッカレルタビー）**柄ですが、森に住む個体は色が濃くはっきりとした縞模様、砂漠に住む個体は赤みがかかり薄い色になりやすい傾向があり、環境に適応してカモフラージュされていると考えられます。

人との付き合いは、約1万年前から

では、猫はいつ頃から人と暮らし始めたのでしょう？　身体的な特徴が野生時代からは大きくは変わっていないため、遺骸からはヤマネコかイエネコかの判断が難しいようですが、人と近い存在だったことを示す最も古い証拠が2004年に見

つかっています。地中海に浮かぶ島国**キプロス**の紀元前7500年頃の墓から発掘された猫らしき骨で、人骨とともに埋葬されていました。地中海の島々に野生のヤマネコは生息しておらず、この骨は「人に飼われて連れてこられた」個体のものと考えられます。この発掘により、猫と人との関係の歴史は、およそ**9500年前**まで一気に遡ったことになります。

ヤマネコがどうやって人に近づいた？

そもそも野生のヤマネコが人に近づいたきっかけは、狩猟採集生活から農耕社会への変容が関係しているようです。農耕文明の発祥の地「肥沃(ひよく)な三日月地帯（ナイル川からペルシャ湾にかけて三日月状に広がる土地）」では、穀物や種子が収穫・貯蔵されるようになり、紀元前8000年頃にはそれらを食い荒らすネズミが登場。そのネズミや人の食べ残しを目当てに、この地帯に生息するリビアヤマネコも近づいて来たともいわれています。

ネズミを追い払ってくれるヤマネコは、人にとってもありがたい存在。ほかのヨーロッパヤマネコの亜種よりも人間に懐きやすい性質をもつリビアヤマネコの中でも、とくに人慣れした個体が繁殖を繰り返しながら、時間をかけて人の社会に適応していったという説もあります。

さらに、イエネコが世界中へ拡散する過程で、ヨーロッパではヨーロッパヤマネコ、アジアではジャングルキャットといったヤマネコとの交配もあったと考えられています。

現在見られるさまざまな毛色や柄、外見の特徴は、交配の繰り返しによって世界各地で自然発生したものや、あるいは人が計画交配によってつくったものです。

日本では、弥生時代の遺跡から発掘

国内では旧石器時代・縄文時代の遺跡からオオヤマネコの骨が発掘されていますが、イエネコに関しては、仏教の伝来時期に経典をネズミから守るために船にのせられて大陸から

やって来た、というのが通説でした。

しかし、2011年までの調査によって長崎県の**壱岐島（いきしま）のカラカミ遺跡**から、紀元前3世紀頃のイエネコと思われる動物の骨が3体分（成体1、幼体2）発掘されました。発掘状況からペットとして埋葬された可能性は低いとされていますが、稲作による穀物を狙うネズミ類を捕まえてくれる存在として、弥生時代には人との共生関係が築かれていたと考えられています。

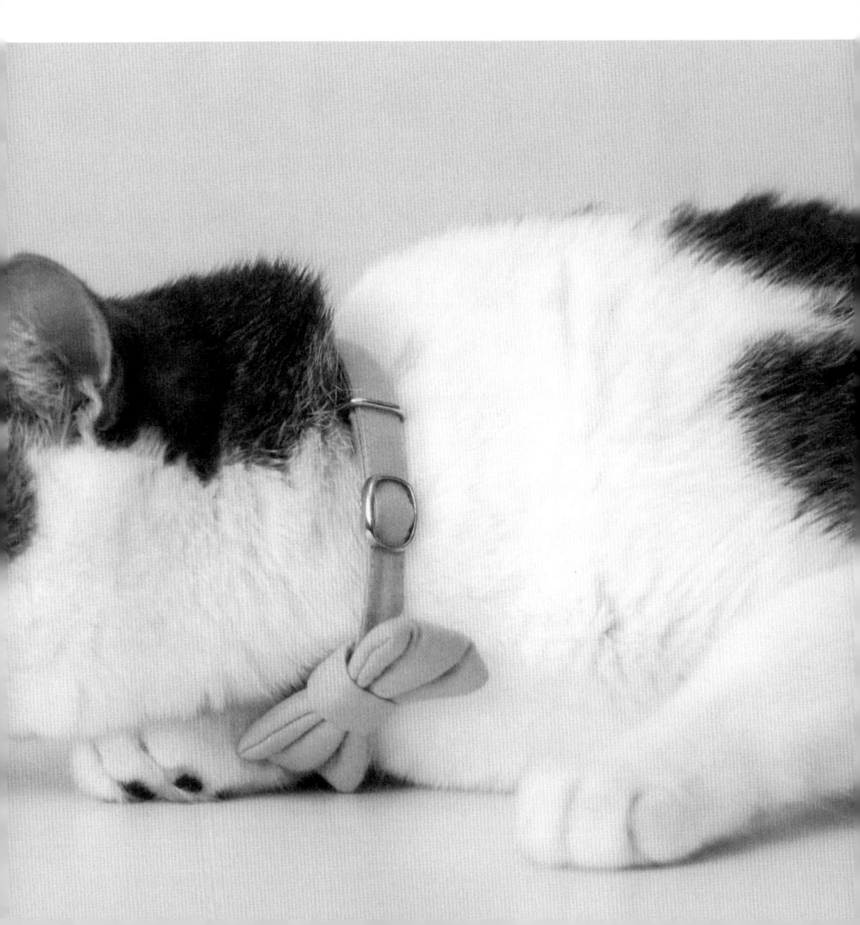

歴史の中で、猫の“見え方”も変わってきた

動物をどのような存在と捉えるかは、国や地域、あるいは自然環境や宗教、文化によっても大きく左右されます。「猫」という動物に対する価値観も、また然りです。

「神」にも「悪」にもなった過去

古代エジプトでは、紀元前1500〜1000年頃、人間の女性の胴体に猫の頭部をもつ女神「**バステト**」の信仰が広まりました。バステト像は、もともとはメスのライオンの姿でしたが、次第にメスの猫の姿へと変化（左写真）。この時代に、猫が神格化されていき、神聖な動物として崇拝されてきたことが窺えます。

また、亡くなった猫はミイラにされ、棺に入れられて葬られるなど、実際に猫が大切にされてきたことが記録としても残されています。

しかし、時を経て中世ヨーロッパにおいては、猫に対する特別視は別の方向へ進みます。キリスト教の普及により異教徒が迫害されるようになると、

邪悪な存在と見なされ、15世紀に入り推し進められた「**魔女狩り**」では、猫を守ろうとする飼い主までもが迫害の対象に。とくに忌み嫌われた黒猫に対しては、いまだ迷信による悪い印象をもつ人もいます。

魔女信仰は長く続きますが、18世紀中頃、大量のドブネズミがヨーロッパに侵入してくるようになると、害獣を退治する役割として、猫の評価が高まっていきます。

日本でも、猫の評価は時代によって変わった

日本で、実際に飼われていた愛玩動物として猫が初登場するのは、平安時代の**宇多天皇**（うだてんのう）の日記『寛平御記』（かんぴょうぎょき）。885年に唐から渡来した唐猫を譲り受けた記録があり、その後も猫の姿をいきいきと綴っています。清少納言（せいしょうなごん）の『枕草子』（まくらのそうし）、紫式部（むらさきしきぶ）の『源氏物語』（げんじものがたり）にも猫を見つめる温かい描写がされており、この頃、上流階級の間で大切にされたことが想像できます。

しかし鎌倉時代以降には化け猫（**猫又**（ねこまた））への恐怖から、猫の長い尾を切る習慣が誕生。さらに一転し、江戸時代には歌川国芳（うたがわくによし）の「鼠よけの猫」が流行り、ネズミを追い出す益獣として認知され、庶民の間でも身近な存在となりました。

このように人が猫に向ける価値観は変容を続け、猫の暮らしに大きな影響を与えてきました。

「動物愛護」も人によって感じ方が違う

日本人の伝統的な動物観には、生き物の命を大切にする「**動物愛護**」の精神が根付いています。これには、古来の「自然万物に神が宿る」という**アニミズム的な自然観**だけではなく、すべての生き物を殺してはならないという戒律「**不殺生戒**（ふせっしょうかい）」といった**仏教的な思想の伝来が大きく影響しているる**という考え方があります。

人と動物との間にある「連続性」

たとえば日本の昔話には、人に化ける動物がたくさん出てきます。義理堅く恩を返したり、はたまたイタズラ好きだったり。擬人化によって動物に人間性が投影され、人と動物との間にある「連続性」を窺うことができます。

一方で、西洋には、人に化ける話はあまりないようです。西洋文明の基礎の一つでもあるヘブライ思想でも、動物は「**神が人間の資源として与えたもの**」として認められており、動物は人によって管理されるものという思想が広まりました。

しかし、19世紀、イギリス

に始まる動物虐待の防止を求める運動をきっかけに多様な動物観が生まれていきます。20世紀に入ると、動物にも（痛みや苦しみを受けない）権利があるという考え方「**動物の権利**（アニマル・ライツ）」や、人による動物の利用を認めながらも与える苦痛を最小限に抑える「**動物**（の）**福祉**（アニマル・ウェルフェア、P100）」を求める声などが広まっていきます。

日本では、明治維新以降に流入した西洋文化が、それまでの伝統的な動物観にも影響したと考えられます。現在の動物愛護管理法の**基本原則**には、「動物愛護」の観点だけではなく、習性に配慮して適正に取り扱うという「動物福祉」の観点も反映されるようになりました。

安楽死の捉え方も多様化

動物愛護管理法の側面からいえば、たとえば病気やケガの痛みに苦しんだり、回復見込みのない動物に対する安楽死は「みだりに殺す」わけではないので、容認されていることになります。それでも、欧米と比べて日本の飼い主さんは、安楽死を選択せずに最期を看取ることが多いようです。

とはいっても、私たちが暮らすのは、国や人種、宗教のみでは思想が決まらない、グローバル化の社会です。日本で安楽死を選択する飼い主さんもいる一方で、西洋でも安楽死を望まない人もいます。猫に対する考え方が多様化していく中、ますます安楽死の対象となる猫やその飼い主さんら「当事者」に対する思いやりや慎重さが必要といえるでしょう。

夜行性というより、「薄明薄暮性（はくめいはくぼせい）」なんです

単独で狩りをしていた動物です

猫が人と暮らすよりももっと前、野生で暮らしていた先祖・リビアヤマネコは、ネズミや鳥などの小さな獲物を捕まえて食べていました。犬のように群れで協力し合いながら獲物を追い詰める狩りとは異なり、基本的には「**単独行動（たんどくこうどう）**」です。

狩りで助け合える仲間がいない単独行動の動物は、自分の身は自分で守らなければなりません。捕まえた獲物が反撃してくるかもしれないし、食べることに夢中になっているうちに外敵に襲われて命を落とすリスクもあるわけです。

個体差はありますが、現在の猫に残っている警戒心が強くて、慎重な側面もこのような**狩猟動物（しゅりょうどうぶつ）**らしい特徴といえます。

朝と夕方が活発！ でも、人の社会では例外も

猫は夜行性といわれますが、厳密には「**薄明薄暮性**」。とくに明け方と日が暮れる時間帯に活発に狩りを行っていました。祖先のリビアヤマネコの生息圏は、中近東やアフリカ大陸などの日中の気温が高温に達する半砂漠地帯が中心。暑さが続くうちは狩りをせずに体力を温存していたのでしょう。家で人と暮らす猫が1日の多くを寝て過ごし、朝夕に活発になるのも、こうした習性の名残と考えられます。

しかし飼い猫は、いつもごはんがもらえる時間を覚えて催促するなど、**人の暮らしに生活パターンを合わせる**傾向もあります。都会で暮らすノラ猫も、人通りや交通量が減って安心して行動できる深夜に活発になるなど、活動時間帯は人の社会の影響も受けています。

飼い主さんが夜型なら、飼い猫も合わせて夜に活発になることも

体のつくりも、狩り仕様になってます

猫の体長は、メスよりオスのほうが若干大きい傾向にありますが、**平均的には50〜60cm**。牧羊犬や猟犬など目的に合わせて人の手を加えられ骨格が変化した犬に対して、ネズミをとるくらいしか“仕事”がなかった猫の骨格は、先祖のリビアヤマネコの頃からさほど変わりませんでした。

ただし、人が選択的な交配で遺伝的に固定した純血種(P70)ではこの限りではありません。大型のメインクーンと小型のシンガプーラでは体格差が大きいですし、垂れ耳のスコティッシュフォールドや短足のマンチカンなど、パーツの形や長さを固定化した猫種は特徴的な骨格をしています。

狩りに適したしなやかな骨格・筋肉

骨の数は人よりも多く約250本。数にばらつきがある大きな理由は、日本には短いしっぽや、くるんと曲がった鍵しっぽの猫も多く、しっぽの骨の数が個体によって変わるためです。頭からしっぽまで続く背中側の骨は小さな椎骨が連なり、軟骨性の関節がしなやか

に動きます。そのため体は柔軟性があり、窮屈なところにもすっぽり収まることができます。また、猫の筋肉は哺乳類の中でも柔軟で、たとえば空中で体を回転させることもできます。筋肉の多くは、狩りに適した瞬発力を発揮する「**速筋**（そつきん）」。２mもの跳躍や、時速50kmで走ることが可能です。反対に持久力に関わる「**遅筋**（ちきん）」は少ないため、持久走は苦手です。

丈夫でよく伸びる皮膚と、役割いっぱいの肉球

首の後ろや背中など、つまんでみるとよ〜く伸びる猫の皮膚。薄くて柔らかくて弾力もあって丈夫です。このような特徴から、獲物からの反撃や、ほかの猫とのケンカで攻撃された際に、体を守る役割があると考えられます。

猫が**ほとんど汗をかかない**のは、水状の汗を出す「エックリン汗腺」が、鼻の露出している部分と肉球などのごくわずかな部分にしかないためです。肉球の表面は若い猫ほど柔らかく、皮膚の厚みは約1.2mm。高い場所から飛び下りたときのクッション代わりになったり、足音を消してくれる働きがあります。しっとりしているので、滑り止めにもなります。

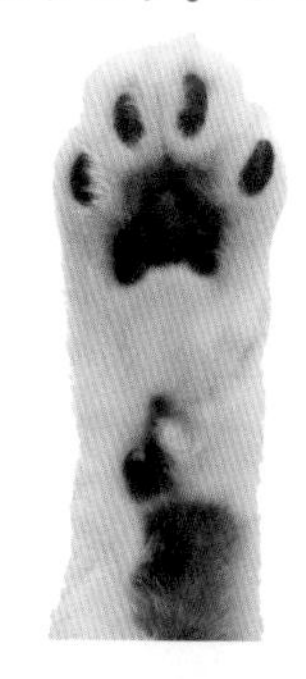
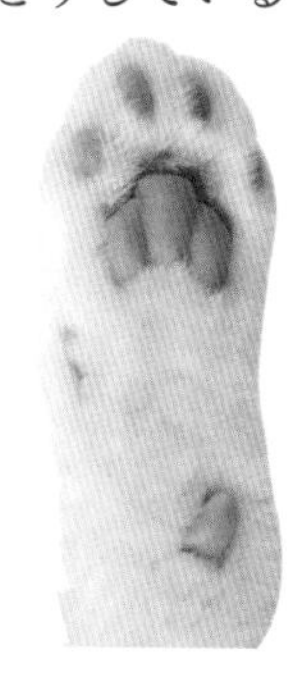

緊張すると肉球から汗をかきます。
色は毛色の影響を受けています

肉食のための特徴的な部位

逃げる獲物を捕まえて食べるのに適した、特徴的なパーツを解説します。

- **しっぽ**　獲物を追って走ったり飛びかかったり、枝の上のような不安定な場所でも歩けるのは、しっぽでバランスを取っているから。体勢を安定させる役割があります。

- **肩**　大きく前に伸ばしたり、するどく猫パンチを繰り出したりと器用な動きができるのは、肩を広範囲に動かせるからです。猫の前足は、ほぼ筋肉だけで胴体につながっています。

- **歯**　成熟した猫の歯は、**全部で30本**。本来は肉だけを食べる食性から肉を切り裂く犬歯が大きく発達しています。あまり噛まずに飲み込むことから、すり潰す役割の臼歯は数が少なく、尖っているのも特徴です。

- **爪**　獲物を捕まえるのに大切な爪。ふだんは収納されていますが、筋肉の収縮により爪につながっている腱（筋肉と骨格をつなぐすじ）が引っ張られると出てくるしくみです。

- **舌**　猫の舌がざらざらなのは、「**糸状乳頭**（しじょうにゅうとう）」という円錐形の突起が連なっているから。獲物の肉を骨から剥がすヤスリの代わりになります。毛づくろいの際のブラシの役割も。

しっぽは猫の気持ちが表れやすいパーツの一つ

強気と弱気は、表裏一体！　複雑なキモチ

単独で狩りをする動物といっても、社会的な関わりが全くないというわけではありません。「母と娘」「姉妹」など血縁関係にあるメス同士で**子育てを助け合う**ことがあり、最近では、子育てに関与しないとされてきたオスが自分の子を守る行動をした調査報告もあります。また、未だ理由ははっきりしませんが、ノラ猫が多く集まる地域では、お互いの存在を確認し合うように一箇所に集う“**猫の集会**”を行うことも。

十分な食事を得られる餌場が確保されていれば、なわばりを巡って争うことなくコミュニティを形成することがあり、**猫の社会性には環境が大きく影響する**といえるでしょう。

血縁関係がなくても、安心できる相手とは密着！

「近づきたい」と「遠ざけたい」

とはいえ、犬のように常に集団で行動するわけではないので、本来の生活でいえば、他者とのコミュニケーション頻度は少ないといえます。「猫はクール」といわれるのも、しっぽを大きく素早く振ったり、息をハアハアさせたりというわかりやすい感情表現をしないことも関係するのでしょう。

それでも、猫の顔や体のパーツ、姿勢、しぐさなどをじっくり観察すると、さまざまなコミュニケーション方法が見えてきます。おおざっぱに分けると、相手に「**近づきたい**」場合と、相手を「**遠ざけたい**」場合の2つです。

友好的なメッセージは人にも送る

まず、近づきたい相手に対しては、友好的なメッセージを送ります。たとえば、飼い猫でも仲がいい同居猫にしっぽを立てて（右写真）近づいたりします。これは、子猫が排泄のために母猫に陰部や肛門をなめてもらったり、母猫に自分の存在を知らせていた名残という説も。安心できる相手には、目を細めて敵意がないことを伝えたりもします。

人に甘えるときにも、このようなサインを送ることがあるのは、**成熟した個体が幼少期の性質を残す「ネオテニー（幼態成熟）」**が関係していると考えられます。安心できる暮らしでお世話をしてくれる飼い主さんを、母猫のように感じているのかもしれません。

「攻撃」と「防御」が交じってフクザツに！

一方で、距離を遠ざけたい相手には、威嚇姿勢をとります。ひとえに威嚇姿勢といっても、必ずしも怒っているというわけではありません。

体をやや前傾にして相手の目をじっと見据える「**攻撃的**」な姿勢で相手を引かせようとすることもあれば、まるで自分の存在を消したいかのように姿勢を低くして小さく見せる「**防御的**」な姿勢をとることもあります。

このように姿勢によってメッセージを送り合うのは、ケンカをせずに勝敗が決するなら、そのほうがお互いにありがたいからと考えられます。本来、単独行動である動物にとって負傷すれば、命にも関わる事態に。**できれば互いに無益な争いは避けたい**のです。

さらに、攻撃的・防御的心理は必ずしもどちらかに傾くわけではありません。両者が交じったような姿勢をとることも多く見られ、ここに猫の感情表現の複雑さがあるといえるでしょう（右ページ）。

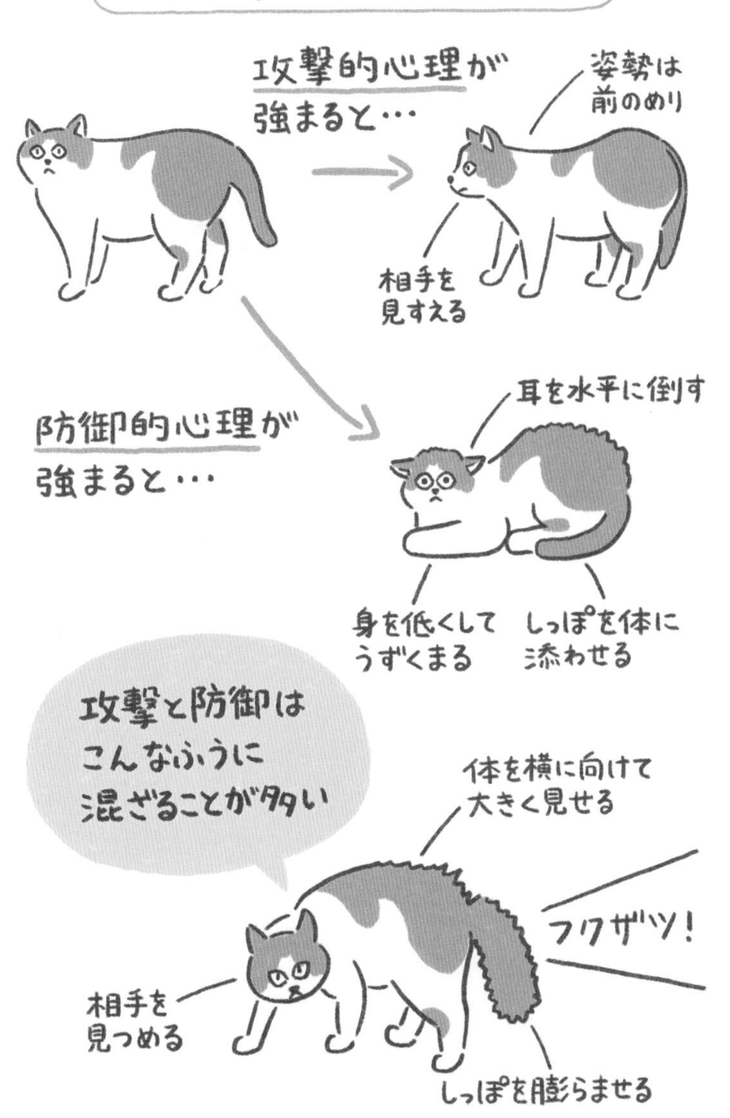
攻撃的・防御的な姿勢
攻撃的心理が
強まると…
姿勢は
前のめり
相手を
見すえる
耳を水平に倒す
防御的心理が
強まると…
身を低くして
うずくまる
しっぽを体に
添わせる
攻撃と防御は
こんなふうに
混ざることが多い
体を横に向けて
大きく見せる
フクザツ！
相手を
見つめる
しっぽを膨らませる

親しみサイン

おでこごっちん、頬すりすり

相手に対して「友好的」の意味。おでこや頬から始まり、次第に肩や体の側面、しっぽの付け根もこすり付けて自分のニオイを残します。

2のおねがい

「迎えよう」の前に考えてね

思い通りにはならないし、問題も起こるかも

猫を飼うことは、かわいさを満喫したり、癒やされたりするばかりではありません。ティッシュペーパーをビリビリに、大切にしていた鞄や服が毛だらけに、書類にげぇ……などなど。「ああ、やられた」という場面もありふれた光景です。猫を迎えることで旅行にも行きづらくなりますし、布団の上にのっかられて動けず首を寝違えてしまうことも？　実際、「どれくらい振り回されるか」は、室内環境や猫の性格にもよるので、迎えてみないとわかりません。

行動や身体的な特徴が飼い主の好み通りに育たないからといって「**飼育放棄**」することがないように、「思い通りにはならない」ことも想定してから、迎えるかを決めましょう。

問題行動は、「人にとって」問題なことが多い

迎えた猫が、壁や家具などでがりがり爪をといだり、トイレ以外でオシッコしてしまうかもしれません。残念ですがこうした「**問題行動**」が原因で、飼い主さんが困った末に猫を手放してしまうケースもあります。

しかし、問題行動とはあくまでも**「人にとって」不都合な行動であり、必ずしも「猫に」問題があるわけではありません**。たいていは猫からすれば当たり前な本能的な欲求によるものです。飼う前から基本の対処法は知っておきましょう。

叱るのではなく、ブロックで対応

たとえば食いしん坊でフレンドリーな性格の猫におやつなどのごほうびを与えながら、「してほしいこと」を根気よく教えていくことはできます。しかし、どんな猫でも「やってはいけないこと」を大声や体罰で教えることはできません。

では対処法はというと、**基本は「先回り」**です。漁られたくない棚には扉にストッパーを付けたり、壁や家具などの爪とぎされたくない場所に市販の爪とぎ防止シートを貼ったり。ただ、こうしたブロック以上に大切なのは、愛猫を**よく観察して好みを理解し、快適な環境をつくる**ことです。好奇心からイタズラする猫とはこまめに遊んであげたり、爪とぎで困るなら愛猫が好む爪とぎ器を用意します。欲求を満たして猫が満足すれば、問題行動の発生も防ぎやすくなります。

垂直にとぎたい猫もいれば、水平にとぎたい猫もいます

対応困難なほどの問題行動もあったりする

問題行動には、まれに対処法を見出せず飼い主さんの生活が立ち行かなくなるほど追い詰められるケースもあります。とくに深刻度が高いのは、**トイレ以外での排泄**や、**人を噛む・引っかく「攻撃行動」**でしょう。

オシッコ問題は、原因が複雑なことが多い

トイレではない場所で、座ってオシッコやウンチをしてしまう「不適切な排泄」には要因がいくつかあり、複数が合わさっている場合もあります。

- 単純に用意されたトイレが気に入らない（P112）
- トイレで恐怖体験したなど、嫌な記憶がある
- トイレ以外の場所のほうが排泄しやすい
- 留守番中に、飼い主さんがいないことが不安で
- 粗相によって、飼い主さんの気を引けると学習した　など

また、不適切な排泄とは別に、**自分のニオイをアピールする「マーキング」**によって、トイレ以外にオシッコすることがあります。「不適切な排泄」が通常の排泄ポーズで通常量の排泄をするのに対し、こちらは「壁などの垂直面に+立ったまま+少量のオシッコ」を勢いよく吹き付ける「**尿スプレ**

ー」が特徴です。とくに未去勢のオスに多いですが、手術済みのオスでも、メスでもすることがあり、同居猫との不仲やなわばり争い、引越しや家族が増えたなど、環境の変化による不安感などがおもな原因です。

これらのオシッコ問題は、ストレス要因を取り除いたり、飼い主さんの対応を変えて解消することもありますが、サプリメントやフェロモン剤による薬物療法(やくぶつりょうほう)が必要な場合も。泌(ひ)尿器系(にょうきけい)や消化器系(しょうかきけい)などの病気が原因で、不適正な排泄をすることもあります。対処に困る場合は、動物病院で相談しましょう。

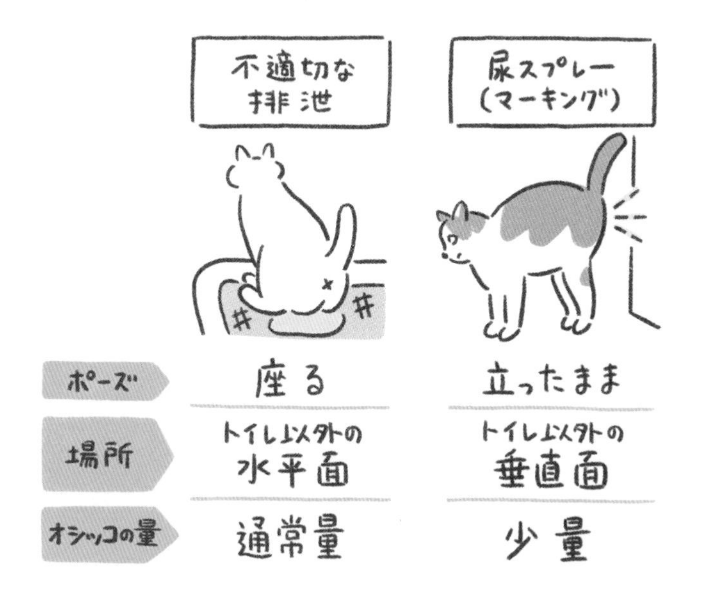

攻撃行動には、叱るより避ける

攻撃行動も理由が多様です。原因に合わせた対応を。

●痛みや病気があって

いつも通りなでたのに攻撃する場合、その部位に痛みがあるゆえの防御反応だったり、「甲状腺機能亢進症」などの病気によって興奮が高まっている恐れがあるので、受診を考えましょう。

●狩猟本能から、人の手足に飛びかかってしまう

人の手足で遊ばせず、おもちゃでしっかり遊びます。

●なでられ過ぎによる不快感（愛撫誘発性攻撃行動）

耳が後ろを向く・瞳孔が開く・しっぽを揺らすなどの「イヤ」のサインが見られたら、なでるのをやめましょう。

●恐怖や不快感からの八つ当たり（転嫁行動）

●恐怖心を感じる猫や人に追い詰められて

家具の配置等を工夫して外のノラ猫を見えなくする、猫が怖がる行動をしないなど、恐怖を取り除く対応を。

猫が攻撃してくるときは、「コラ！」と大声で叱ったり、体罰はNG。興奮を煽るのではなく、落ち着かせることが必要です。飼い主さんが猫を刺激しないようにそっと別の部屋へ行くか、猫を隔離して距離をおきましょう。

前触れのない攻撃は、「激怒症候群（げきどしょうこうぐん）」の可能性も

中でも、とくに深刻な攻撃行動として知られるのが、1999年イギリスで初めて認識された「**激怒症候群**」。おとなしいと思われた動物が突然豹変したかのように激しい攻撃性を示します。当時確認されたのは犬（スプリンガー・スパニエル）ですが、猫でも同様の攻撃行動が報告されています。服部先生の診察経験ではアビシニアン（右写真）やソマリに多く、てんかんなどの脳疾患が関連している可能性もあります。

手に負えない問題行動は、行動診療の相談を

このようなオシッコ問題や攻撃行動で何をやっても解決せず、手に負えないときは、より専門的な対処または治療が必要です。最近では、獣医学と動物行動学の両方の視点から総合的にアドバイスや治療を行う「**行動診療科（こうどうしんりょうか）**」がある動物病院や大学病院が増えてきましたので、相談してみるといいでしょう。

平均寿命15才超え。お金はかなりかかる?

「留守番させやすい」「散歩がない」「食費もそんなにはかからない」「勝手にトイレを覚えてくれる」などの理由から、ペットを飼うなら猫がいいという選択に至る方も多いのではないでしょうか。一般論でいえば、たしかに猫は「犬よりは飼育が楽」といえます。しかし、金銭的な面でいえば、「**最近の猫は意外とお金がかかる**」といえるのかもしれません。大きな要因として、飼い猫が**長生きする傾向**があります。

猫も高齢化社会。平均寿命は約15才

現在の猫の**平均寿命は15.03才**（ペットフード協会「令和元年全国犬猫飼育実態調査」より。以下同）。長寿化の傾向がありますが、その理由として考えられるのは…

- 完全室内飼い（P96）の猫が増え、事故や感染症リスクが減少
- 獣医療が発展し治療できる病気が増加
- 猫の年齢や状態に合わせたキャットフードが増加

などでしょう。**完全室内飼いの猫は15.95才**、外に出る猫は13.20才と飼育環境によって差があり、室内で適切に飼われる猫ほど長生きする傾向があるようです。

長生きすることで、医療費も高額に

長く生きれば、当然、フードや猫砂などの「**毎日消費するもの**」にかかる出費は増えますが、さらに高額になりやすいのが医療費です。猫には、人間のように国が運営する健康保険の制度はないので、民間の「**ペット保険**」に加入しない限りは、かかった医療費を10割負担することになります。

病気やケガになってからだけではなく、病気を早期発見して健康寿命（心身ともに健康的に生活できる期間）を延ばすためには、**健康時の受診**も考えたいもの。そのための定期的なワクチン接種や健康診断（P133）、ノミ・マダニ予防（P136）などにも、費用がかかります。

愛猫の年齢が上がるほど、病気のリスクは上がっていきます。たとえば健康診断の血液検査で**高齢猫でかかりやすくなる「甲状腺機能亢進症」や「膵炎」**の可能性を調べるには、一般的な検査とは別に追加費用がかかります。近年では、「**慢性腎臓病**」や「**糖尿病**」、「**がん**（悪性腫瘍）」といった重度の病気も、高齢化や獣医療を受ける猫の増加を受けて、珍しい病気ではなくなりました。とくに**慢性腎臓病は、15才以上の猫の81%がかかっている**という報告もあります。

治療が長期にわたれば、定期的な検査代や薬代、場合によっては入院代がかさみ、高額な治療費がかかります。できるだけ費用を抑えたいのか、それとも最新設備や技術を備えた動物病院で細かい検査を求めるのか。医療費は「飼い主さんがどこまでを求めるか」によっても増減します。

飼い始めてから、経済的に行き詰まらないように

ほかにも当然、猫用の食器やブラシなどのお手入れ用品、猫ベッド、運動スペース（キャットタワーやキャットウォークなど）、爪とぎ器、おもちゃといった「**暮らしのグッズ**」や、災害に備えた猫用品などにかけるお金も必要です。

最近ではインテリア性の高いものを求める飼い主ニーズに応えた製品や、自動フード供給器や、猫の排泄回数や体重の測定など健康管理のサポート機能が付いたペット家電なども登場。「愛猫にどれだけお金をかけるか」という幅はますます広がっていますが、飼い始めてから経済的に行き詰まらないように、最低限必要な費用は考えておきましょう。

〈1カ月で猫にかかるお金の平均額〉 ※医療費等も含む

全体	**7,962円（中央値：5,000円）**
1匹飼い	7,485円（中央値：5,000円）
2匹以上	10,665円（中央値：8,000円）

出典：ペットフード協会「令和元年 全国犬猫飼育実態調査」

1匹あたりにかかる費用を考えてから、迎えるかを決めましょう

責任を持って一生飼える？ よく考えてね

猫を迎える前には、猫の習性や行動に合わせた正しい飼い方を学びましょう。猫を飼うということは、大きく分けて2つの「責任」が求められるからです。

1つめは、愛猫の「**命を預かる**」責任。猫がその命を全うするまでずっと飼い続けて（「終生飼養（しゅうせいしよう）」といいます）、快適で安全な暮らしを提供し続ける必要があります。

2つめは、「**社会に対する**」責任です。動物を飼育しながら地域社会の中で暮らしていくには、猫を大切に想う気持ちだけではなく、猫を飼うことで周辺や人に危害や迷惑を及ぼさないようにする配慮が必要です。

これらの責任を果たすことは、猫と楽しく暮らすだけではなく、**愛猫を守ること**にもつながります。

猫は偶然の出会いで飼いやすいから…

しかしながら、ブリーダーやペットショップから迎える割合が高い犬とは異なり、実際、猫は「どこから迎えるか」を決めるよりも先に、偶然の出会いから飼うことを決めるケースが多いのが特徴的です。

「**猫の入手先**」として最も多いのは、1位「ノラ猫を拾った」32.8%、2位「友人／知人からもらった」26.7%。また、「**猫を飼育するきっかけ**」も同様で、1位「ペットを拾った、迷い込んできたから」30.3％、２位「友人／知人などから飼育を頼まれた、もらったから」19.7％となっています（以上、ペットフード協会「令和元年 全国犬猫飼育実態調査」より）。このような場合は、猫を飼い始めてから適切な飼い方を学ぶことに。必要な情報を得ることを心がけ、習慣への理解が足りぬまま飼い続けることがないようにしましょう。

〈猫を迎える前のチェックリスト〉

- □住まいは猫を飼ってもいい住居？
- □引越しで猫を飼えなくなる可能性はない？
- □猫という動物は（かつ迎える猫の性格や特性は）あなたや家族のライフスタイルに合っている？
- □家族全員が猫を飼うことに賛成し、協力してくれる？
- □家族の中に、猫アレルギーの人はいない？
- □毎日欠かさず猫のお世話に時間と手間をかけられる？
- □あなたの体力で、猫のお世話ができる？
- □鳴き声や抜け毛などで、近隣に迷惑をかけないように配慮できる？
- □猫とあなた、家族の一生の計画や、生涯にかかるお金を考えた？
- □地震や洪水などの災害や不測の事態に見舞われたときに、猫の命を守る方法を考えている？

参考：環境省「宣誓！無責任飼い主０宣言!!」

STOP多頭飼育崩壊(たとうしいくほうかい)! 大好きなら不妊・去勢

術後はエリザベスカラーを着けたり、術後服で術部を覆います

猫は多くの哺乳類と異なり、交尾の刺激によってメスが排卵する「**交尾排卵動物**(こうびはいらんどうぶつ)」。精子を迎えるように排卵が起こるため、ひとたび交尾すれば、**90％以上の確率で妊娠**します。

メスの発情は日照時間の影響を受けるので、日照時間が延び始める冬から春にかけて発情行動を見せるのが一般的ですが、温暖な気候、栄養状態がいい、夜間も明るく照らされているなどの条件下では１年を通じて発情することも。最大で年４回の出産が可能で、さらに一度の出産で複数匹（多いと８匹ほど）を産むので、あっという間に増える可能性があります。望まない繁殖を防ぐには、不妊・去勢手術が必要です。

不妊・去勢手術をどう考える？

生き物である以上、猫にも子孫を残そうとする本能があり、だからこそ人の手によって繁殖を止める行為である不妊・去勢手術に対し、「手術するのはかわいそう」「産ませてあげるのが自然」といった意見もあります。

しかし、家の中でペットとして飼育することを考えれば、発情が起きても異性がいないストレスから問題行動を起こしたり、猫が増え過ぎてお世話しきれなくなるなど、猫や飼い主にとって、**もっとかわいそうな状況を招く**恐れも。

もちろん「愛猫に出産の機会を与えたい」という気持ちが否定されるわけではありませんが、生まれてくるすべての猫の健康と福祉を守って最期までお世話をする責任があり、出産前からの十分な計画が必要です。また、愛猫を迎えたときの譲渡条件に不妊・去勢手術があれば、必ずさせましょう。

全国で起きている「多頭飼育崩壊」を知っておこう

飼っている猫が**繁殖によって増え過ぎてお世話しきれなくなる「多頭飼育崩壊」**が全国で発生し続け、大きな問題となっています。多頭飼育崩壊によって猫が行政に引き取られれば、頭数によっては動物愛護管理センターや保健所に猫が溢れることに。実際、自治体によっては所有者から引き取られる猫の半数を占めたという報告もあります。猫が好きな飼い主さんだけではなく、殺処分を避ける目的で行政等から引き取った猫を抱え過ぎた保護団体、営利目的で繁殖させ過ぎたブリーダーなどのもとでも起こっています。

室内飼いによって外から見えずに、発見されたときにはすでに一つの家に数十匹の猫が繁殖してしまったり、不適正な飼育によって室内が糞尿や毛にまみれて悪臭を放つことも珍しくありません。**ゴミ屋敷化**した報告も多数あがっており、劣悪な環境下では飼い主自身の健康状態も阻害されます。

当然、猫にとっても過酷な環境で、オスがメスを子育てから解放させて発情を促すために子猫を襲う（子殺し）などで、命を落とす例も。食事や適切な排泄ができずにいたり、過密環境下の繁殖によって健康状態が悪いことも多く、救出にあたる側にとっても譲渡までの期間が長くなったり、新たな環境づくり、多額の医療費等の金銭的負担がのしかかります。

原因には不妊・去勢手術をしないで望まない繁殖をさせてしまう無責任な飼い方のほか、「経済的な困窮から不妊・去勢手術の費用を捻出できない」「周辺地域からの孤立」「生活を維持する能力や意欲をなくした**セルフ・ネグレクト**」「病気や精神障害」といった要因も関わっているようです。

このように一言で「多頭飼育崩壊」といっても、貧困や近隣関係の希薄化、高齢化など、多様な社会的問題が背景にあります。本人の努力のみで解決することは困難であり、猫の救助だ

けでなく、**人の福祉**の関係者と連携した予防策や対処、フォローも必要とされています。

多頭飼育の届け出が必要な自治体もある

大阪府や埼玉県、千葉県、茨城県、神奈川県などでは、10頭以上の犬や猫を飼育する場合の届出が義務化されるなど、多頭飼育の数を制限している自治体もあります。こうした条例が制定されている背景の一つに、多頭飼育崩壊の問題があります。

動物愛護管理法改正のポイント

適正に飼えない場合の繁殖制限が義務化

犬猫の所有者は、適正な飼養が困難となる恐れがあると認められる場合、その繁殖を防止すための不妊・去勢手術等を「**講じなければならない**」こととなりました。これまでは「するように努めなければならない」という努力義務でしたが、**義務化**されたことになります（改正法第37条第1項）。

不妊・去勢手術は、猫のためにもなるんです

繁殖の制限は、猫の健康管理やストレスケアといった点でもメリットがあります。

〈メス♀：不妊手術のメリット〉

- 卵巣や子宮の病気にかからない
- 性ホルモンに関係する乳がんなどの病気のリスクが下がる
- 発情時特有の行動が落ち着く　など

〈オス♂：去勢手術のメリット〉

- 精巣の病気にかからない
- メスへの興味によるストレスがなくなる
- 尿スプレーなどの問題行動が減る
- ケンカや交尾で猫エイズなどに感染するリスクが下がる
- オスの競争による攻撃が減る　など

早期の不妊手術は、乳がんの予防に大きな効果が

メスの場合、**月齢が低いうちに手術を受けると、乳がんの予防効果が高くなる**ことがわかっています（右表）。また、オスの去勢手術も**性成熟の完了前に行うと、尿スプレーや攻撃**

行動などが残りにくくなります。

そのためメスもオスも、性成熟（目安は５～９カ月齢頃）よりも前の若いうちに手術を行うのが望ましいでしょう。しかし、たとえば長毛種の場合、メインクーンやラグドール、ヒマラヤン、ペルシャなどで１才～１才半くらいで発情する猫もいるなど、その時期は猫種や個体の差が大きく関わります。手術の適切な時期は、猫の生い立ちや健康状態、多頭飼育などの生活環境などにもより、獣医師によっても見解の違いがあるので、かかりつけの動物病院とよく相談しましょう。

〈不妊手術を受けさせた時期と乳がん発生低下率〉

６カ月齢以前	→91%低下
７～12カ月	→86%低下
13～24カ月	→11%低下
24カ月以降	→不妊手術の効果なし

出典：Overlay B, JVIM, 2015

不妊・去勢手術を受けたら、肥満に注意

一方で、不妊・去勢手術には、**基礎代謝が落ちるため肥満になりやすい**という注意点があります。とりわけ室内飼いでは、数十歩も歩けば食事も、トイレも、寝床もあるので、ノラ猫のような暮らしと比べると運動量は少なくなります。不妊・去勢後の体に合わせた低カロリーフードを与えたり、運動スペースの設置や遊びで狩猟本能を満たしながら運動量を増やすといった対応が必要です。

猫を迎える方法に「譲渡」もあります

アメリちゃんとカヌレくんも、保護団体のもとからやって来ました

保健所や動物愛護管理センターなどでの殺処分数は減少を続けています。その背景には、引き取りを求める人に対する行政担当者の説得や、民間の保護団体やボランティアが協力して殺処分前の猫を引き出し、譲渡につなげていることなどさまざまな要因があります。しかしこうした努力があっても、現在も飼い主のいない猫（平成30年度は全体の82%）、**とりわけ子猫が多く収容され続けています。**出産のピークを迎える春は、多数の猫が保護される傾向も。このような保護猫（P17）を迎えることは、猫の命を救い、殺処分数の減少にも貢献できる大きなメリットがあるといえるでしょう。

〈譲渡のメリット〉

- 新しい飼い主として猫の命を救い、安心して生活できる環境を提供できる
- 譲渡を希望する側の聞き取りが慎重にされれば、生活環境に合った年齢・性格の猫を引き取ることができる
- 「トライアル期間」が設けられている場合、先住猫との相性を見極めたりすることができる
- 譲渡前後に講習等がある場合、飼い方の相談ができる（保健所や動物愛護管理センターではある場合が多い） など

〈全国の猫の引き取り・返還・譲渡・殺処分の総数〉

年度	引き取り数	返還・譲渡数	殺処分数
平成18年度	232,050	4,427	228,373
平成19年度	206,412	6,179	200,760
平成20年度	201,619	8,311	193,748
平成21年度	177,785	10,621	165,771
平成22年度	164,308	11,876	152,729
平成23年度	143,195	12,680	131,136
平成24年度	137,745	14,858	123,400
平成25年度	115,484	16,320	99,671
平成26年度	97,922	18,592	79,745
平成27年度	90,075	23,037	67,091
平成28年度	72,624	26,886	45,574
平成29年度	62,137	26,967	34,854
平成30年度	56,404	25,634	30,757

環境省「平成16～30年度の犬・猫の引取り状況」より抜粋

「死なせない」だけではなく「幸せにする」

ただし、「かわいそう」「殺処分させたくない」というやさしい気持ちだけで、猫を飼い続けることはできません。新たな猫を迎え入れる環境が整っていなかったり、飼い主さんの体力や暮らしとミスマッチがあるのに無理して迎えれば、飼い続けられなくなってしまう可能性があるからです。

猫が再び飼い主さんを失ったり、あるいは虐待を目的とする人への譲渡を未然に防ぐために、譲渡の条件が厳しく設定されている場合もあります。迎えることで、その猫にとって**幸せな暮らしをさせてあげられるのか**を考え、譲渡の注意点も十分把握しておきましょう。

〈譲渡の注意点〉

- 譲渡までの流れや、譲渡条件は独自に設定されているので、希望する猫を迎えられないことがある。高齢者、一人暮らし、猫アレルギーの患者がいる場合などは不可が多い
- 元ノラ猫も多く、「猫カゼ」などの感染症をもつ猫もいる
- 保護された経緯によっては年齢や病歴、これまでどのように暮らしていたか情報がない場合もある
- 民間の保護団体などでは、譲渡に至るまでの飼育費や寄生虫駆除・ワクチン代、不妊・去勢手術代、マイクロチップ（P154）装着費用などの必要経費に充てるため、一定の譲渡費用を設定しているところが多い。金銭に関するトラブルを起こさないために、必ず事前に確認する

注意点もよく理解したうえで、譲渡を受けましょう

子猫もいいけど、おとなの魅力もありますよ

あえておとなの猫を迎える飼い主さんもいます

迎えたい猫の年齢も、飼い主さんのライフスタイルに沿っているか考えましょう。まず、多くの方が検討するであろう子猫。かわいい盛りというだけで迎えるメリットがありますが、注意したい点もあります。

〈子猫を迎えるメリット〉

- 親のような気持ちで成長を見守っていける楽しみがある
- 社会化の時期をともに過ごすので、その家の環境や同居猫、新しいもの、フード、お手入れなどに慣れさせやすい
- 活発な傾向があるので、遊ぶ楽しみを得やすい　など

〈子猫を迎える注意点〉

- 授乳期の猫や離乳期の猫は、食事や排泄のお世話が頻繁になる。生後まもなくは、深夜の授乳も必要
- 免疫力が低いので、健康チェックや管理が欠かせない
- 好奇心が旺盛で、コードをかじったり、カーテンをよじ登って爪を引っ掛けたりしやすい。事故対策が欠かせない
- しっかり遊ばせないと、欲求不満になりやすい　など

一方で、ノラ猫・地域猫時代が長かった中高齢の猫、もとの飼い主の入院・多頭飼育崩壊（P58）などで手放された猫など、複雑な事情で保護されているおとな猫もいます。子猫のように引き取り手がないまま、保護主のもとに長く残っていることもしばしば。成長を見守る楽しみに欠けるかもしれませんが、子猫ほど手間がかからないメリットもあります。

〈おとな猫を迎えるメリット〉

- 体調が落ち着いていれば、頻繁なお世話が必要ない
- 見た目が安定していて、変化の心配がない
- やんちゃな時期が終わり、性格が落ち着いていることが多いので、高齢者がいる家庭でも比較的飼いやすい　など

〈おとな猫を迎える注意点〉

- 保護された経緯によっては、人に対する警戒心がある
- 外の生活が長かった猫は外に出たがったり、室内飼いに慣れるまで時間がかかることがある　など

購入する場合、信頼できる販売元か見極めて

猫種の特徴が表れるように計画的に繁殖されている血統書付きの「純血種(じゅんけつしゅ)」。国内の近年の傾向として、飼う人の割合が微増を続けています。

迎えたい場合、猫種が決まっているようなら、その猫種を専門にするブリーダーから選んだり、「The Cat Fanciers' Association（CFA）」や「The International Cat Association（TICA）」など、猫の血統登録をしているキャットクラブが開催するキャットショーで探す方法があります。あるいは、猫種が決まっていなければ、ペットショップ等で気になる猫種を探すことに。

注意点として、中には利益を多く得ようと母猫にむやみな繁殖をさせていたり、不衛生で動きのとれない狭いケージに入れるなど動物福祉に配慮をしない環境のもとで飼育する販売業者もいます。以下のような点を見極めましょう。

- ケージは清潔で、猫が身動きしやすい広さと高さがあるか
- 猫の数に対して、従業員数が少な過ぎないか
- 従業員が知識豊富でその猫種や個体の特徴（P74）、かかるリスクのある遺伝性疾患（P76）を説明してくれるか
- 生後56日に満たない猫が販売されていないか
- 登録を受けた証である標識や識別章があるか
- 猫たちが健康的でいきいきしているか

ブリーダーから迎える場合は、できれば母子の同居のときから飼育場所を見学させてもらい、清潔で快適な環境で育てられているか確認しましょう。

〈純血種の飼育の割合〉

2015年	2016年	2017年	2018年	2019年
15.0%	15.3%	17.2%	18.0%	18.8%

出典：ペットフード協会「全国犬猫飼育実態調査」

動物愛護管理法改正のポイント

「第1種動物取扱業（だいいっしゅどうぶつとりあつかいぎょう）」に対する規制が強化

販売、保管、貸出し、訓練、展示などの事業で動物を取り扱う場合には、「第1種動物取扱業」に登録する必要がありますが、第1種動物取扱業に関する規制が、2019年の改正法で大きく見直されています。猫を迎えたい人が知っておきたい変更ポイントを説明します。

1　登録拒否できる範囲が拡大

都道府県知事が登録を拒否できる期間の延長（2年→5年へ）や、新たに登録拒否事由が追加されました。法人の役員だけではなく、事業所の業務を統括する者が拒否事由に該当する場合でも、登録拒否が適用されることになります（第12条第1～9号、環境省令）。

2　守らないといけない基準が具体化

人気の純血種を狭い部屋にすし詰め状態で飼養するなど、悪質な繁殖業者の存在が問題視されています。こうした背景から、動物の健康や安全が保たれ、生活環境の保全上の支障が生ずることを防止するための基準が明確化されることに。以下の項目（改正法第21条第２項）について、犬猫の場合、「**できる限り具体的なものでなければならない**」（改正法第21条第３項）とされました。具体的な基準は、改正法の**公布から２年以内**（2021年）に環境省令で定められることになります。

〈環境省令で具体化される項目〉

- 飼養施設の管理、飼養施設に備える設備の構造及び規模並びに当該設備の管理
- 動物の飼養・保管に従事する従業者の員数、飼養・保管をする環境の管理、疾病等に係る措置、展示・輸送の方法、繁殖の用に供することができる回数や繁殖用の動物の選定・その他動物の繁殖方法
- その他動物の愛護及び適正な飼養

3　販売できるのは「販売事業所」のみに

動物を販売する業者が、電話だけ、あるいはインターネットなどで画像や説明文を見せるだけで犬猫の売買契約を行うことは禁じられ、現在の状況を直接見せ、対面で文書を用いて説明する必要があります。改正法によって、これら**現物確認・対面説明の場所が「販売事業所」**

に限定されることになりました（改正法第21条の４）。

4　動物取扱責任者の要件の充実

第１種動物取扱業者が各事業所に置く動物取扱責任者は、「**十分な技術的能力及び専門的な知識経験を有する者**」のうちから選出されることに（改正法第22条第１項）。環境省令によって、獣医師・愛玩動物看護師の免許を持たない場合は、「半年以上の常勤の実務経験（または同等の１年以上の飼養）」＋「教育機関の卒業または試験」が必要と変更されました（省令施行から３年の猶予）。

5　出生後８週を経過しない犬猫の販売規制

改正法の目玉として注目を集めた一つが、出生後56日を経過しない犬猫の販売規制、いわゆる「**８週齢規制**」です。改正前から出生後「**56日**」を経過しない犬猫は販売や販売用に供するために引き渡し・展示ができないとされていましたが、附則により「45日」（2013年９月１日から3年間）→「49日」（2016年９月１日～「別に法律で定める日まで」）となっていました。しかし、2019年の改正により附則が削除され、本則の56日齢が適用されることに。この規制は、改正法の**公布から２年以内**（2021年）に施行されます（改正法第22条の５、ただし天然記念物の日本犬はこれまで通り49日）。

その純血種、あなたの暮らしに向いてる？

純血種は猫種ごとにある程度の性格的傾向があるので、飼ってからのコミュニケーションを想像しやすいメリットがあります。ただし、その見た目や毛の長さなどの特徴には人為的な改良が加わっていて、中には**人のケアなしでは生きていくことが難しい品種**もいます。その猫種のケアを生涯行えるかをじっくり考えてから、迎えるかどうかを決めましょう。「人気だから」「見た目がかわいい・おもしろい」「ペットショップで目が合った」「保護猫と違って譲渡条件がないので楽」といった動機で迎えると、想像よりも飼い方が難しく、飼い続けることができなくなる恐れがあります。

〈飼い方に注意したい猫種の例〉

● **遊び好きの猫種：アビシニアン、ベンガル、マンチカン**（下写真）など

好奇心旺盛で活発な猫種。積極的に遊ばせないと欲求不満になりやすいので、遊ぶ時間をたくさんとれる人向きです。短足が特徴のマンチカンは、健康状態への懸念から、CFAやFIFé（The Fédération Internationale Féline）といった猫種登録団体では認められていません。

●**長毛の猫種：ペルシャ**（右写真）、**メインクーン**など

「毛球症」予防に、毎日のブラッシングを。とくにペルシャは毛が長くて細いうえ、舌が短くてうまく毛づくろいできないので、丁寧なブラッシングが欠かせません。

●**鼻ぺちゃの猫種：ペルシャ、エキゾチックショートヘア**など

マズルの形が独特で、鼻涙管の閉塞によって目頭が涙で汚れやすいです。清潔さを完璧にキープするなら数時間おきに拭う必要があり、在宅時間が短い人には向きません。

●**耳が特徴的な猫種：スコティッシュフォールド、アメリカン・カール**など

スコティッシュフォールドの垂れ耳は、耳道が狭いうえ通気性が悪く、アメリカンカールの反り耳は内部構造が複雑。汚れが溜まりやすく、放置すると「外耳炎」になりやすいので、こまめな耳掃除が必要です。

●**毛がない猫：スフィンクス**

皮脂がベタつきやすいので、やさしくこまめに体を拭く必要があります。また寒さに弱いので、冬は洋服を着せたり、暖かい居場所を用意するなど体温キープのための工夫が必要です。

スコだけじゃない。遺伝性(いでんせい)の病気を知ろう

純血種の場合、親から受け継いだ遺伝情報が何らかのきっかけで傷つくことでかかる**遺伝性の病気「品種好発性疾患(ひんしゅこうはつせいしっかん)」**のリスクがあります。これは、生まれつき症状がある場合もあれば、成長に伴って進行するものもあります。

飼い猫のうち純血種が占める割合は2割以下（18.8%）ということもあり、9割近く（88.1%）が純血種の犬と比べると症例は多くありません。しかし、新しい猫種も毎年のように誕生しているため、獣医師の間でも猫種ごとにかかりやすい病気に対する知識に差があります。飼い主さん自身が症状や治療方法をあらかじめよく調べ、通院や介護の覚悟もしたうえで飼うようにしましょう。

病弱といえば、「スコティッシュフォールド」？

折れた耳と丸い顔が特徴的なスコティッシュフォールド。遺伝性疾患というと、よく名前があがる猫種です。注目される要因には、おもに以下のような点があるでしょう。

●独特の「かわいさ」と病気が関係する

折れ耳の場合、「骨軟骨異形成症(こつなんこついけいせいしょう)」（関節を保護する軟骨が硬くなり、悪化すると歩行困難になったり、痛みを生じる）に必ずかかる（右イラスト）という報告があり、おとなしい性格と思っていても痛みが

あって動きが鈍い可能性があります。“スコ座り”と呼ばれる座り方も、関節への負担を逃すためのポーズと考えられます。

●「人気」の猫種で、無理な繁殖もされやすい

「猫の人気品種ランキング 2019年」（アニコム損害保険株式会社）では１位、「令和元年　全国犬猫飼育実態調査」（ペットフード協会）では２位と、人気の高い猫種です。遺伝子病検査と正しい交配によって病気のリスクは軽減されますが、営利を優先した無理な繁殖によって折れ耳の猫を増やし、病気のリスクを上げる業者も存在するようです。

ただし、スコティッシュフォールドがほかの猫種と比べて「短命」といった報告はされていません。**ほかの猫種に多い内臓疾患と違って外見や痛みとして症状が表れる「わかりやすさ」からも注目されやすい**ですが、どんな猫種であっても、血統を安定させるために血が濃くなり、繁殖過程で遺伝性疾患にかかる可能性があることは知っておきましょう。

〈代表的な品種好発性疾患とかかりやすい猫種〉

●**肥大型心筋症：メインクーン**（右写真）、**ラグドール**

心臓の壁が厚くなって、体に血液が送られにくくなります。

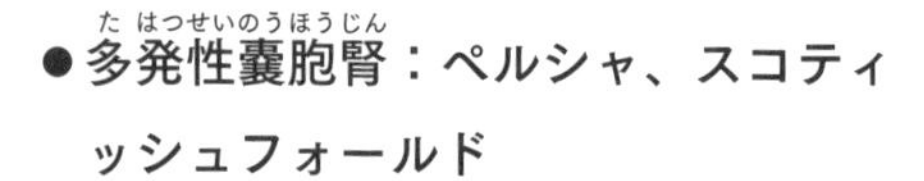

●**多発性嚢胞腎：ペルシャ、スコティッシュフォールド**

腎臓に多数の「嚢胞」ができて、腎臓の機能が落ちます。

●**ピルビン酸キナーゼ欠損症：アビシニアン、ソマリ、シンガプーラ**

酵素の一種「ピルビン酸キナーゼ」が足りず、赤血球が破壊されて貧血を起こします。

●**漏斗胸：ベンガル**

胸部の肋骨が変形して、胸がへこんでしまいます。

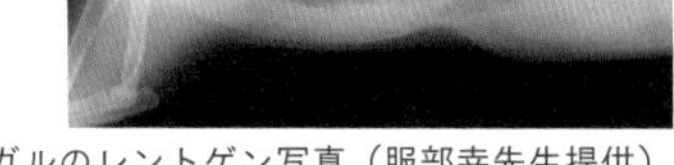

漏斗胸になったベンガルのレントゲン写真（服部幸先生提供）

ミックスの猫だから「強い」わけではない

一方で、「ミックスの猫は体が丈夫で長生き」といわれることもあります。たしかに純血種には品種好発性疾患のリスクがありますが、かといってミックス＝丈夫かというと微妙です。どちらかというと「**強いミックスが生き残っている**」のでしょう。ミックスの多くは外でノラ猫の子として生まれますが、寒さに耐えきれなかったり、感染症を発症したりと、子猫の段階でたくさんの猫が命を落としています。無事に成長できた猫は、その時点で生命力が強い個体。また、生き残った強い者同士からはさらに強い個体が生まれていきます。

だからこそ「ミックスだから体が丈夫」と一括りにはせず、「どんな猫にでも健康管理は必要」と考えておきましょう。

ミックスにも、かかりやすい病気がある

遺伝性疾患は純血種だけのものと思われやすいですが、遺伝子変異によって病気を引き起こす遺伝子をもっていれば、ミックスの猫にも起こります。

たとえば、生息密度が高い環境では近親相姦(きんしんそうかん)によって血が濃くなり、病気にかかりやすい個体もいると考えられます。親の代で純血種と交配していたミックスもいますし、毛柄の特徴に由来する病気もあります。

〈毛柄・身体的特徴と病気等が関連する猫〉

●ポインテッド柄の猫：斜視・眼振

顔や体の先端部が濃くなる、いわゆる“シャム”の柄。生まれたときから、瞳が見ようとする対象に向かず内側を向いた「**内斜視**(ないしゃし)」のほか瞳が細かく揺れる「**眼振**(がんしん)」などにかかっている個体がいますが、視力には問題ありません。

● **白猫、白い毛色がある猫：皮膚病**

白は紫外線の刺激を受けやすいため、皮膚の病気にかかりやすい傾向があります。

「**日光過敏症**」：強い日差しを浴び続けることで耳の先端に炎症を起こしたり、脱毛することがあります。

「**扁平上皮癌**」：顔の毛の白い部分や毛が薄い部分、とくに顔面にできやすい悪性腫瘍。皮膚にできるものは紫外線の影響によって、細胞が癌化したと考えられます。

●青い目の白猫：聴力異常

全身が白い毛で、青い目（虹彩）をもつ猫は難聴の可能性が高い傾向にあります。

●曲がったしっぽ：事故に注意

先が曲がった「鍵しっぽ」や短いしっぽは欧米では珍しく、骨の形成に関わる遺伝子に違いがあります。鍵しっぽは、電気コードを引っ掛けやすいので、束ねておくなど安全対策を。

多頭飼育するなら、猫同士の相性は大事

犬に比べて猫は、多頭飼育する飼い主さんも多い傾向にあります。先住猫と新しく迎えた猫との相性がうまくいけば、いっしょに遊んだり、留守番してもらえるメリットがありますが、良かれと思って２匹目を迎えたのに猫に大きなストレスがかかってしまうケースも…。体調不良を招いたり、ケンカが絶えなくなる原因にもなります。

相性の良し悪しは、結局のところ迎えてみないとわかりません。ただし、一般論として、**うまくいきやすい／いきにくい組み合わせ**の傾向はあるので、参考にしてみてください。

〈猫同士の相性の例〉

●先住猫の「性格」が社交的だと受け入れやすい

先住猫が社交的な性格なら対面からスムーズにいくこともありますが、１匹でいることを好んだり、人にべったりで“猫が嫌いな猫”だったりすると、不仲になる恐れがあります。

●先住猫と新しい猫の「年齢」差は小さいほうがいい

「やんちゃな子猫がいれば元気になるだろう」という意図で、高齢猫がいる家に若い猫を迎えるのは避けましょう。高齢猫は環境の変化に対応しにくく、また体力的な差もあり、うまく受け入れられない可能性が高いためです。一方で、子猫期は柔軟性

がある時期なので、**子猫×子猫**の組み合わせは、比較的仲よくなりやすいでしょう。

●「血縁」関係にある猫同士は、仲よくなりやすい

母猫×子猫、きょうだい同士の血縁関係にある猫同士が離れずにいた場合は、仲よくなれることが多いでしょう。あるいは離乳まで血縁関係のある猫といっしょに暮らしていた猫は社会化ができているので、比較的ほかの猫を受け入れやすい傾向があります。

●「性別」は、オス×オスが最も難しい

性別による組み合わせは、個体差が大きく、不妊・去勢手術の影響によっても変わるので一概にはいえませんが、参考までに、異性同士の**オス×メス**や、子育てを助け合うこともある**メス×メス**は比較的うまくいきやすいでしょう。一方で、オス同士は、なわばり意識からケンカに発展しやすいので注意が必要です。去勢手術をしても、同居猫との争いや、尿スプレー(P128)が残ったりすることがあります。

迎え方も、相性に大きく影響する

猫同士の相性は猫の性質が関わりますが、新入り猫の受け入れ方・対面のさせ方によっても、先住猫が受ける印象は変わります。いきなり対面させず、「**新入り猫をケージに入れて隔離部屋へ→部屋を分けずにケージ越しに対面→ケージなしで対面**」と、少しずつ先住猫との距離を近づけましょう。

対面後も先住猫が疎外感をもたないように、ごはんやスキンシップ、お手入れの順番は先住猫を優先します。

自分で保護した猫は、まず動物病院へ

上記の対面方法は、保護猫の病気を先住猫にうつさない対応としても有効。外で保護したばかりの猫であれば、ノミ・マダニなどの外部寄生虫、回虫や条虫などの内部寄生虫、「猫カゼ」や「猫エイズウイルス感染症」等に感染している可能性があり、そのまま連れて帰ると先住猫にうつしたり、家中に寄生虫を広げる恐れがあります。動物病院へ直行して処置を受けさせ、1カ月は居住空間を分けましょう。先住猫にあらかじめワクチン接種（P133）をしておくことも重要です。

保護した猫を自分で飼えない場合は、チラシをつくってかかりつけの動物病院などに掲示してもらうなど、ほかに飼える人を探しましょう。個人同士でやり取りを行うのでトラブルには注意したいですが、飼い主探しのマッチングサイトを活用する方法などもあります。

飼わなくたって、伝えられる愛もある

「飼う」以外でも、猫と付き合う方法はいっぱい！

猫が大好きでいっしょに暮らしたい。それでも、「今は集合住宅に住んでいて禁止されているから」「一人暮らしなので留守番させるのはかわいそう」「仕事が安定せず将来が不安」などの理由で、ためらう方もいるのではないでしょうか。

そんなときに、**「今は飼うべきではない」と決断し、迎えられる環境が整うまで待つ**ことも、猫の命に対する責任を果たし、猫を助けることにもつながります。

猫を飼わないからといって、猫と触れ合うチャンスがなくなるわけではありません。行政や保護団体などでは、保護猫に新しい飼い猫が決まるまでのサポートをしてくれるボラン

ティアを募っていることもあります。地元で募集がないか調べてみてもいいでしょう。

●ミルクボランティア

殺処分される猫の大部分が、離乳前の子猫です。その理由には、1日に何回もの授乳や排泄の補助、体重管理、保温などの細やかなケアが必要で、助けたくても数が多いとお世話が追いつかない実情があります。こうした離乳前の子猫の一時的なお世話を手伝うのが「ミルクボランティア」です。殺処分を減らす取り組みとして広まり、各地の保健所や動物愛護管理センターなどでボランティアを募っています。大阪市動物管理センターに収容された子猫を大阪市獣医師会の協力病院が引き取って育てたのち、高齢者ボランティアらと暮らしながら新しい飼い主さんにつなげる「子猫リレー事業」のような例もあります。

ミルクボランティアのおもな役割

頻繁な授乳
（2～3hおきなど）

排泄の補助
（ガーゼなどでおしりを刺激）

ほかに ・社会化のための触れ合い ・成長の状況を記録 など

●保護猫の一時預かり

保護団体などのもとで譲渡先を募集している猫を、新しい飼い主さんが決まるまで預かるボランティアです。飼えない人でも自宅で猫をお世話できるメリットがあり、保護先の収容数を減らしてお世話の負担を軽くすることができます。

●シェルター・譲渡会運営の手伝い

保護団体などでは、保護猫たちを収容している「シェルター」で猫のお世話を手伝ってくれる人や、猫の譲渡を希望する人とのマッチングの場となる「譲渡会」をサポートしてくれる人も募集しています。サイト上に募集がないか調べてから問い合わせましょう。

●猫カフェへ行く

猫カフェはお茶を飲みながら、気軽に複数の猫と触れ合えるスポット。**在籍する猫たちの新しい飼い主さんを募集する「保護猫カフェ」**は、入場料やお茶代などの売り上げを、店の家賃等だけでなく、保護活動や、カフェにいる猫たちの生活費・医療費などにあてていることが多いので、来店するだけでも支援になります。また、猫のお世話や清掃、譲渡のためのイベントをサポートしてくれるボランティアを募集している店もあります。

愛の形もいろいろです

おうちの中で
愛しい猫たちと暮らすこと

文・Riepoyonn（たむらりえ）

穏やかな朝のこと。太陽が昇る頃、布団の上に寝ている3匹の重みを感じながら目を覚まします。「おはよう。そら、アメリ、カヌレ」。順番になでながら名前を呼ぶと、「ゴロゴロゴロ」と喉の音の三重奏。世界で1番好きな音です。

心地よい雨の日のこと。雨粒が家を叩く音を聞きながら、本を読んだり、映画を観たり、おいしい珈琲を飲み、3匹の寝顔を眺める。そっと近づいて小さな寝息を聴き、お日様の香りを溜め込んだ身体の香りを嗅ぐ。世界で1番好きな香りです。

微笑む瞬間のこと。潰れたおにぎりの如くぺちゃんこになってお昼寝するそらを眺める時間。パソコンの電源を入れるとキーボードの上に寝転んで甘えるアメリといっしょに仕事。ビビリのくせに掃除機に戦いを挑んでくるカヌレと家事。忙しくても、いつの間にかにっこりしている自分に気が付きます。

夜が来てベッドに入り、再び3匹の温もりと重みを感じる。「何ていい1日だったんだろう」と噛みしめながら、眠りに落ちます。ああ、猫と暮らすって、何て幸せなんでしょう。

＊　＊　＊　＊　＊

2014年の春、桜が美しく咲いていたある晴れた日の午後、最愛の猫だったメインクーンの「みかん」は、天国へ旅立ちました。突然の心臓発作で、２才の誕生日を迎えてすぐのことでした。

その日の朝は、仕事に行く前にお気に入りの黄色いクッションで丸くなって寝ているみかんに顔を押し当てて、干し終えたばかりの洗濯物のような毛の香りを吸い込み、心臓の音を聞きました。……トクトク。耳に響くかわいい音。いつも通り「大好きよ、待っていてね」と伝えると、くりんと寝返りを打ち、嬉しそうに「ゴロゴロ」とお返事してくれました。

職場に着く前から、すでにみかんに会いたくてたまりません。「今日も、帰り道は自分史上最速の早歩きで帰るんだ！」。それがみかんとの、ずっと続いていくと信じて疑わなかった日々の最後でした。

「もっと幸せにしてあげられたはず」。みかんが逝ってしまったその日から、自分を責めては涙する日々が続いていました。

＊　＊　＊　＊　＊

その後、インスタグラムで猫の保護活動をしている方とのご縁で「みかんと同じお鼻のマーク」をもつ猫「そら」と出会い、さらに飼い主募集サイトを通じて「アメリ」と「カヌレ」と出会い、家族になることができました。毎日泣いていたのが嘘みたいな、笑い溢れる日々の連続。３匹に人生丸ごと救われた気がしました。

それでも、後悔は、ずっと抱えたまま。

何が、猫にとっての幸せなの？
この子たちにしてあげられることは？
みかんにしてあげたかったことは？

考えて考え抜いた末に、自分なりに辿り着いた“答え”があります。「私にできるのは、この子たちとじっくり向き合いながら、丁寧に日々を重ねることなんだ」。

３匹と過ごすうちに、猫がとても個性的な生き物だと知りました。性格も体質もみんな違うから、それぞれが何を好きで嫌いか、どんなものが安全で健康にいいのか、見極める大切さに気が付きました。そして閃いたのです。発見した一つ一つを取り入れたら、３匹にとって最高の世界になるのでは!?と。

そこから、わが家の「観察しながら暮らしを変える」が始まったのです。

そらは、ひもに目がないので、置きっぱなしにせず、猫たちが開けられない棚に収納するようにしました。アメリは、映像の動きを追いかけるのが好き。テレビに力がかかっても倒れないようにするため、固定しました。生まれつき背骨が弱いカヌレのためには、ごはんや水の器を前屈みになりにくい高さのものへ替えました。

どれも特別なことじゃない、けれど家族である私たちにしかできないこと。

大好きな爪とぎタワーや、ふかふかのブランケット、ソファの背もたれ。パパさん（夫）のあぐらの上に、私の脚の間。好きなところで思う存分にお昼寝して欲しい。

危険なものが何もなくて、思い切り走って飛び跳ねて、兄妹でバトルして、遊び疲れたらお腹丸出しで眠れるように。

目が合ったら名前を呼んで、いっしょに目を細めて。満足するまでなでなでして、大好きを伝えよう。

３匹が心から私たち夫婦を信頼してくれているのがわかるから、応えたい。てんこ盛りの愛と「大丈夫」にまみれて暮らしてほしい。猫たちの「幸せだなぁ」をずっと見ていたいから。

そんな私たちを空から見て、みかんが安心してくつろいでくれていたら嬉しいな。

みかんちゃん

3のおねがい

おうちで、
楽しく暮らしたい

長生きを願うなら、完全室内飼いで！

猫が室内で飼われるようになったきっかけは、一説では、今から150年前ほど前、イギリスのヴィクトリア女王の影響が大きいといわれています。ヴィクトリア女王は、大の動物好きとしても有名。世界最古の動物福祉団体である「動物虐待防止協会」を、1840年に王室の庇護のもとに置いたことでも知られています（現在は「英国王立動物虐待防止協会（RSPCA）」。19世紀のヴィクトリア朝時代では、上流階級を中心にペットとして猫が飼われるようになっていきます。農村でネズミを退治する役割とされていた猫も、その頃から都市型の暮らしへの移行とともに屋外から室内へと環境を移し、人とより親密な関係を築いていきます。

完全室内飼いがますます主流に

日本でも現在は、**猫を家の中だけで飼う「完全室内飼い」が主流**です。その割合は、**75.6%**。「家の中と外で半々」は8.8%、「おもに屋外」は2.8%と少数派です（ペットフード協会「令和元年 全国犬猫飼育実態調査」より）。

こうした背景の一つに、「猫は家族の一員のような存在」「愛猫に元気で長生きしてほしい」という考え方が広まった点があるでしょう。人と密接な関係を築くだけではなく以下のような**リスクから猫を守るメリット**があり、保護団体などから猫を迎える際の譲渡条件とされていることも多いです。

- 交通事故に遭って、亡くなったりケガをする
（平成29年に野外で死亡した猫の遺体回収数は、推計34万7875匹。NPO法人 人と動物の共生センター「全国ロードキル調査」より）
- 草むらでノミやマダニなどが体に付着したり、蚊に刺されてフィラリアに感染する（P137）
- 寄生虫の卵やノミやカエルなどを口にして、寄生虫（回虫・条虫）に感染
- 猫同士の接触により、「猫カゼ」や猫白血病ウイルスなどに感染
- とくにオス同士の本気のケンカ等で、ケガをしたり、猫エイズウイルスなどに感染
- 災害が起こったら、離ればなれになってしまう
- 動物虐待に遭ったり、ほかの動物に襲われる　など

周辺地域に迷惑をかけないメリットも

外飼いでは、猫の本能的な行動によって周辺環境を損ない、近隣住民に迷惑をかけてしまう恐れもあります。

- よその家の庭を掘ったり、排泄して異臭の原因に
- （とくに春の換毛期に）毛を飛散させる
- （とくに発情期の）鳴き声による騒音
- 寒い季節に、よその車のボンネットに入り込んでしまう
- その地域に生息する希少動物等を襲ってしまう
- ゴミを荒らしてしまう　など

とくに家と家が近い住宅密集地ではトラブルが起きやすく、地域内で猫が嫌われる原因に。実情として、猫の放し飼いに困っている人から自治体への苦情が多く寄せられています。このような場合、もちろん猫に罪はなく、猫を飼う飼い主さんの責任です。

周辺環境を損なわないための管理は、動物愛護管理法でも求められています。地域の中で愛猫との幸せを築いていくためにも、周囲への配慮を考えましょう。

動物愛護管理法改正のポイント

不適正飼育者への対応が追加に

2019年の改正法では、動物の飼育・保管によって騒音や悪臭、動物の毛の飛散、多数の昆虫が発生し、周辺の生活環境が損なわれている事態と認められる場合、都道府県知事はその原因となる人に対して、「**必要な指導**」または「**助言**」ができるように。改正前は「多数の動物」の飼育・保管者が対象でしたが、**動物の数の記述は削除**されています。新たに**給餌や給水に起因した騒音や悪臭**についても追加されました（改正法第25条第１項）。

また、上記のような事態で勧告に応じなかった場合や、動物が衰弱するなどの虐待を受ける恐れがあると認められる場合は、飼養状況の**報告**を求めたり、職員が**立入検査**できる権限も規定されました（改正法第25条第５項）。

おうちの中なら、安心・安全！

「5つの自由」は、ぜったいに守ってね

リビアヤマネコ（P26）から進化した猫（イエネコ）。「ネズミによる害に困る人」と「ネズミを捕食してくれる猫」という互いにありがたい関係性となり、世界中へ拡散してきました。こういった成り行きから、犬や馬のように人に仕事を“任せられてきた”動物とは少し異なります。そのため、猫が完全に「家畜化」された動物であるかは、今でも専門家の間で意見が分かれますが、人の暮らしに関わってきた伴侶動物であり、野生動物ではありません。

しかし、狩りに特化した体のつくりや狩猟本能は、今も変わらず宿したまま。**室内の狭い空間に“ただいるだけ”になっては、本来の欲求を満たせません。**猫の室内飼育は、猫の安全を確保するという意味で重要ですが、ひとつ屋根の下で家族として寄り添える大切な存在になっても「**猫は猫**」であり、習性も感じ方も人とは異なることを忘れないようにしましょう。

動物の福祉を守り、痛みやストレスから守る

室内での暮らしで、まず考えたいのが動物の福祉への配慮です。日本でも「**動物福祉（アニマル・ウェルフェア）**」といった言葉が浸透してきました。この言葉は、愛玩動物に対して使われる際の解釈には個人によって微妙な差があるものの、

大きな意味合いとしては「**動物が痛みやストレスを感じることなく、心も体も健康的でいられる状態**」のこと。猫を飼う場合もただかわいがるだけではなく、健康管理を行い、習性や行動に合わせて暮らしを整えてあげることが大切です。

猫のニーズを守る「5つの自由」

動物福祉の基本的な考え方である「5つの自由」を知っていますか？　これは、家庭動物のほか、展示動物、実験動物なども含めたあらゆる人の飼育下の動物を適切に扱うための国際的な指標です。もともとは家畜の劣悪な飼育管理を改善させるために1960年代にイギリスで動物学者らによってまとめられた基準で、その後、イギリスの「家畜福祉協議会（FAWC）」によって確立されました。

日本の動物愛護管理法の基本原則にも、「（略）その習性を考慮して適正に取り扱うようにしなければならない」とあり、環境省発行のパンフレットにも5つの自由が触れられています。人の飼育下で猫が本来もつ欲求をすべて解放させることは難しいですが、ストレスや苦痛を軽減することで、心と体の健康を守ることはできます。猫の暮らしを守る“最低限の基準”として、覚えておきましょう（次ページ）。

飼い猫のための「5つの自由」 Five Freedoms

1　飢え・渇きからの自由
Freedom from **Hunger and Thirst**
猫の年齢や健康状態に合ったフードを適切に与え、いつでも新鮮な水を飲めるように。

2　不快からの自由
Freedom from **Discomfort**
快適な温湿度の環境で猫が過ごせるようにし、清潔で安全な居場所も用意します。

3　痛み・負傷・病気からの自由
Freedom from **Pain, Injury or Disease**
病気予防と健康チェックを日頃から行い、危険なものは遠ざけます。ケガや病気の場合は治療を受けさせます。

4　本来の行動がとれる自由
Freedom to **Express Normal Behavior**
猫がもつ狩りの習性や本能をよく理解し、猫が猫らしく行動できるように工夫します。

5　恐怖・抑圧からの自由
Freedom from **Fear and Distress**
猫が恐怖や不安でストレスを感じることがないように、接し方や居場所づくりに配慮を。

※解説は、「5つの自由」をベースに猫向けにアレンジ

動物愛護管理法改正のポイント

虐待の範囲が広がり、罰則も引き上げ

猫を含む愛護動物(※)への虐待は大きく分けると、「**積極的(意図的)虐待**」と「**ネグレクト**」に分かれます。

まず、積極的虐待とは、「やってはいけない行為を行う、行わせる」こと。殴る・蹴るなどの暴力を加えたり、酷使することなどが含まれます。2019年の改正法では、**外傷が生じる恐れがある暴行やその恐れがある行為**が追記されました。一方、ネグレクトとは、「やらなければならない行為をやらない」こと。健康管理をせず病気や負傷を放置したり、排泄物や死体が放置された施設で飼養・保管することなどが含まれ、改正法では、**飼養密度が著しく適正を欠いた状態での飼養や保管による衰弱**が追記。こうした虐待のほか、殺傷・遺棄に対する**罰則も引き上げ**られています(下の表)。

みだりに殺したり、傷つけた者(改正法第44条第1項)	**5年以下の懲役**(2年以下から↗)**または500万円以下の罰金**(200万円以下から↗)
みだりに虐待した者(改正法第44条第2項)	**1年以下の懲役** (new) **または100万円以下の罰金**
遺棄した者(改正法第44条第3項)	**1年以下の懲役** (new) **または100万円以下の罰金**

※愛護動物…人に飼われている「哺乳類、鳥類、爬虫類に属する動物」および、飼い主の有無にかかわらない「牛、馬、豚、めん羊、山羊、犬、猫、いえうさぎ、鶏、いえばと、あひる」

猫のための「環境エンリッチメント」って？

動物にとっての福祉を考える概念に「**環境エンリッチメント**（Environmental enrichment）」というものがあります。動物園の展示動物の飼育環境を改善するために取り入れられた考え方で、国内では、旭山（あさひやま）動物園（北海道）や大牟田（おおむた）市動物園（福岡県）など、動物種ごとの習性に配慮した環境づくりへの取り組みで全国的に有名になった動物園の紹介等で、しばしば耳にするフレーズではないでしょうか。

その意味は、「**動物福祉の立場から、飼育動物の"幸福な暮らし"を実現するための具体的な方策**」（「市民ZOOネットワーク」より）。動物種ごとの習性を理解し、本来に近い暮らし方ができるようにすることでストレスから解放し、QOL（Quality of Life（クオリティ オブ ライフ）の略、生活の質）の上昇を目指します。

動物福祉の基本的な考えである５つの自由が動物を「不幸にさせない」ための条件だとしたら、環境エンリッチメントは、人が工夫によって環境をより豊かに変えて（enrichment（エンリッチメント）は「豊かにする」の名詞形）動物を「幸せにする」方法といえそうです。ここではいっしょに「**猫のための環境エンリッチメント**」を考えてみましょう。

家の中では、退屈さもストレスに

完全室内飼いが一般化しつつある近年、飼い猫の暮らしをより充実させるという考え方から、このような環境エンリッチメントの概念も取り入れられるようになってきました。

外に出ることなく室内で単調で退屈な暮らしが続くと、猫がもつ欲求が満たされずにストレスを溜めやすくなります。ストレスの増加は、心だけの問題ではなく、猫が本来はしないはずの行動や病気の原因にもなります。

- トイレ以外で排泄したり、おねだり以外のときに不安そうに鳴き続けるなどの「**問題行動**」(P46)
- 隠れたまま出てこなくなる
- ほかの猫や子供などに八つ当たりで攻撃する「**転嫁行動**(てんかこうどう)」
- ウールサッキング(ウールを食べる)や、ビニール袋やスポンジなどを執拗になめたり噛んだりする「**異嗜症**(いししょう)」
- 毛づくろいばかりしてはげる「**心因性脱毛症**(しんいんせいだつもうしょう)」
- 猫の膀胱炎で最も多い「**特発性膀胱炎**(とくはつせいぼうこうえん)」 など

人の暮らしに合わせてもらう以上、すべてのストレスを取り除くのは難しいもの。それでもできる限り**猫目線で考えると、猫の心身の健康と長生きをサポートしてあげる**ことができるでしょう。そのための5つの環境エンリッチメントを解説します(次ページ)。

飼い猫のための５つの「環境エンリッチメント」

1 空間 エンリッチメント	複数飼いでも猫がなわばりを守って安心できるスペース（P108）や、休息や運動のための高さ（P110）を確保しましょう。排泄のための環境づくり（P112）も重要です。
2 採食 エンリッチメント	肉食動物の食性に配慮した食事を用意（P116)。食べ方を一工夫すれば、より本能を満たすこともできます（P118)。喉の乾きに鈍いので、水の与え方も工夫が必要です（P120)。
3 社会 エンリッチメント	猫は単独で狩りをする動物ですが、社会性もあります。飼い主さんが猫らしいコミュニケーション方法を身に付けることで、信頼し合える関係に（P122)。
4 感覚 エンリッチメント	猫はニオイの情報を敏感に察知し、安心したり、不安になったりするので、配慮してあげましょう。視覚や聴覚にいい刺激を与えてあげることも大切です（P126)。
5 認知 エンリッチメント	本能を満たすために重要なのが、飼い主さんとの「遊び」です。猫の狩猟スタイルを意識した方法で、退屈さを解消してあげましょう（P130)。

※環境エンリッチメントの５つの要素は互いに重なり合いますが、本書ではわかりやすいように上記のように分けて解説していきます。

獲物を見つけて捕食する本来の食性に合わせて、食べ方を工夫した例

なわばりが守られた空間で安心したい

（空間エンリッチメント）

きょうだい猫のように仲よしの猫同士もいれば、顔を合わせた瞬間にケンカになる敵同士もいるので一概にはいえませんが、多頭飼育では、ストレスが問題行動や症状として顕在化しやすくなります。では、それぞれの猫が快適に過ごすために必要な広さは？というと、**猫の本来の狩りや生活の範囲である「なわばり」**から考える必要があります。

「1匹あたり1部屋」を確保したい

猫のなわばりには、大きく2種類があります。

まず1つが、**食料を得るための活動範囲である「ハンティング・テリトリー」**。餌場や獲物の数が限られた場所では、ほかの猫と共有することもあるスペースです。

もう1つは**休息のための領域である「ホーム**（ハイム）**・テリトリー」**。基本的には、ほかの猫には入ってほしくないスペースです。

室内飼育でも、食事したり、遊んだりする場所（ハンティング・テリトリー）はほかの猫と共有する場合も、休息場所（ホーム・テリトリー）はそれぞれに用意してあげると、より安心感をもつことができるでしょう。このように考えた場合、「**1匹あたりに必要な広さは1部屋**」ほど。飼育頭数が2匹なら1DK、5匹なら3LDKが目安です。

危険を察知したときの「隠れ家」も必要

さらに室内の閉鎖された空間では、不仲な猫や来客、大きな音など、恐怖の対象から遠ざかろうとしても、取れる距離に限界があります。猫が追い詰められないための配慮として、ホーム・テリトリー内のよりプライベートな空間として、**猫の安全を確保する「隠れ家」**を用意しましょう。さっと逃げ込めて、姿をすっぽり隠せる四方が囲われた居場所がベストです。

人のリラックスも伝わる空間に

飼い主さん自身も、大きな「環境」要素。猫は身近な人の緊張や異変を敏感に察知するので、人がリラックスしていることも大切です。たとえば柔らかい光が差し込む空間で人と猫の居場所を共有すれば、猫はぽかぽかした空間で人に甘えることができ、人も穏やかな気持ちに。猫用のグッズや家具等で満たされて人が窮屈な思いをするのではなく、「**人も猫もいっしょに快適**」な環境づくりを考えましょう。

運動も休憩も観察もできる「高さ」がほしい
（空間エンリッチメント）

高さを活用して、窓から外を見られるように

猫は、助走なしでも1.5mほど跳躍できるジャンプ名人。獲物を見つけたり、休息もしたりと、高い場所は猫にとって複合的な意味がある重要スポットです。家でも以下の条件を満たすように高さのある場所を配置すると快適でしょう。

●運動になるところ

室内飼いでは運動量が不足しがち。キャットタワーやキャットステップを設置したり、家具を低い順に階段状に並べるなどして上下運動ができるようにします。猫が跳びのる面は滑りにくい素材にすると、足腰への負担を軽減できます。

●寝そべられるところ

外敵から身を守りやすい高所は、猫にとって落ち着いて休める場所。うとうとした猫が落下しないように、猫が寝そべっても体がはみ出さないくらいの奥行きがある家具やキャットステップもあるといいでしょう。

●人と関わりがもてるところ

高い場所から下を眺めることで、周囲の安全を確認します。飼い主さんがよく動くリビングや、部屋の出入口近くなどに、"人間観察用"の居場所があるといいでしょう。

●怖いときの逃げ道になるところ

キャットウォークや、並んだキャットステップなど、高所に「通路」を設置すると、仲が悪い猫と道線を分けられるので、追い詰められたときの逃げ道になります。

「高さ」は、人が何とか手が届く範囲まで

高い場所は、安全・衛生面も考えて、配置しましょう。たとえば高過ぎる場所は、掃除ができないうえ、災害時や受診時に猫を連れ出したり、救出したりすることができません。踏み台や脚立を使っても人の手が届かないようなところには、猫が行けないようにしましょう。

また、猫が天井の照明でやけどする恐れもあります。電球の種類によっては熱くなりにくいですが、安全上、近づき過ぎないように高所の配置を考えましょう。

そのトイレ、使っちゃいるけど好きではない
（空間エンリッチメント）

猫はトイレ環境にこだわります。猫によっては「ちょっと」ではなく「かなり」です。粗相もなく問題なく使っているようでも、「それしかないから」と**我慢しているのかもしれません**。以下は猫が不快さを覚えている可能性もある行動の一例です。サインが見られたら、違う猫砂や容器も試しに一度置き、複数の中から選べるようにしましょう。

- **排泄物にあまり砂をかけない**
  →警戒心が薄いタイプかもしれないけれど、トイレ環境がイヤでさっさと去りたい可能性もあります。
- **砂ではなく、トイレのヘリや床をかく**
- **空中で手をこねこねしている**
  →砂の粒が大きくて、うまく砂をかけない可能性もあります。
- **トイレの縁に足をのっけて排泄する**
  →力みやすいポーズかもしれないけれど、砂の感触がイヤな可能性もあります。

猫はトイレのこんなところにこだわる

泌尿器系の病気にかかりやすい猫にとって、「**健康はトイレ環境づくりから**」ともいえます。室内の間取りなどによって、すべてを猫が望む通りにするのは難しいかと思いますが、

以下の**猫がこだわりやすいポイント**を参考に、愛猫の理想に近い排泄環境を用意しましょう。

❶ ニオイなく「清潔」に

猫はきれい好きで、ニオイにも敏感。排泄物はなるべくすぐ、留守が長い家でも朝と夜の2回は取り除きましょう。新しい砂を足していっても**月に1回は砂を全取り替え・容器の丸洗い**を。洗剤を使う場合は、ニオイを分解しやすい酵素系がいいでしょう。柑橘系の香りの洗剤は猫が嫌がりやすいので無香料のものを。

❷ 「数」は多いほどいい

理想は「**飼い猫の数＋1個**（可能ならそれ以上）」。清潔さを保つほか、仲が悪い猫同士で力関係が弱い猫に排泄を我慢させないためにも必要です。「匹数が多い」「家が狭い」などで置き場所がないなら、「**仲よし猫グループの数＋1個**」の検討を。それも難しいなら、砂の全取り替えの頻度を月2回以上に。

❸ 「サイズ」は大きく

市販のトイレは、日本の住宅事情に配慮されてやや小さめのものが多いです。理想は、猫がゆったり排泄も砂かきもできる**体長の1.5倍のサイズ**。体が大きい猫には、プラスチックの衣装ケースをトイレ容器にしてもOK。

❹ できれば「カバー」はなし

カバー付きトイレは砂の飛び散りを抑える利点がありますが、人が猫の排泄の様子をチェックしにくかったり、ニオイがこもりやすいデメリットも。使うなら、その分愛情込めてまめな掃除をしてニオイを軽減させましょう。

❺ 「砂の種類」は小さめの粒が人気

猫砂は、鉱物系、木材系、食品系、紙系、システムトイレの専用砂と種類がいろいろ。掃除や健康管理のしやすさも砂を選ぶ基準にはなりますが、「**猫の好み＞人の都合**」はブレないように。砂を替えたら粗相が止んだという話も聞きますが、過去の検証結果からも**自然の砂に近い鉱物系が好まれる傾向**があります。砂埃が舞いにくい特徴のものを選びましょう。

❻ 「砂の量」は、たっぷり

猫砂の量は底が見えないように、**深さ5cm以上**が目安。ただし、多過ぎると足が沈む感覚を嫌がる猫もいるので、よく観察して調節しましょう。

❼ 落ち着ける「場所」へ

人通りが多い場所では猫も落ち着けませんが、一方で健康管理上、排泄チェックもしたいところ。折衷案として、人がよくいる部屋の隅などがいいでしょう。本来、猫は餌場や休息の場所から離れた場所で排泄する習性があるので、**食事や水場、睡眠**

スペースから２ｍ以上は離します。仲が悪い猫同士は、トイレも離しましょう。

犬以上に肉好き。お魚だけでは生きられない

（採食エンリッチメント）

猫はネズミなどの陸上の生き物を捕まえて食べていた「肉」食動物。犬は「雑食に近い肉食動物」ですが、猫は肉を食べなければ生きていけない「**真性肉食動物**（しんせいにくしょくどうぶつ）」です。肉食動物は草食動物よりも腸が短い傾向があり、腸管と体の長さの比は犬が約６：１なのに対して、猫は約４：１。猫がより肉食傾向とわかります。

体内でつくれない栄養素もある

もともと小動物や虫を内臓や軟骨も含めて丸ごと食べることで満たしていた栄養バランスが、飼い猫にも必要です。たとえば猫は、人よりも犬よりも**多くのタンパク質**を必要とし、体内で必要量を合成できない「**タウリン**」「**アラキドン酸**」「**ビタミンA**」「**ナイアシン**」といった栄養素は、食事から摂取しなければいけません。タウリンは、動物の内臓や魚介類に多く含まれている成分。不足すると目の障害や「拡張型心筋症（かくちょうがたしんきんしょう）」などの心疾患を引き起こすことがあり、手作りフードでは注意が必要です。

基本的に、1食あたりの価格が安価で歯石が付きにくい「総合栄養食」のドライフードを中心に与えれば問題ありません。ウエットフードは効率的に水分を補給できるので、積極的に水を飲まない猫に与えてもいいでしょう。

種類	たとえると	どんなフード？
総合栄養食	学校給食	主食。そのフードと水だけで、必要な栄養素をすべて補える
一般食	おかず	猫が好む味付けのものが多いけれど、これだけでは栄養素が足りない
間食（トリーツ・スナック）	おやつ	1日の摂取カロリーの10％以下に抑えるのが理想

青魚や、生のタコ・イカなどはNG

猫は肉食にもかかわらず、日本では猫＝魚好きのイメージが定着しています。魚が食卓によくのぼる島国で庶民が猫に魚を分け与えてきた歴史や、あるいは国民的アニメで猫が魚をくわえて逃げる描写なども影響しているのでしょう。

魚を猫に与える場合、加熱用の魚を生で与えるのは寄生虫感染のリスクがあるのでNG。焼いて骨を取り除いたヒラメやタイなどの白身魚（新鮮なら刺身でもOK）は問題ありません。青魚は不飽和脂肪酸が多く含まれていて、長い期間大量に食べると「ビタミンE」が不足し、脂肪が黄色に変色する「黄色脂肪症」にかかるリスクがあります。また、生のタコ、イカ、貝類、エビ、カニは、中毒症状を引き起こす恐れがあるので、与えないでください。

おいしいものを、狩りっぽく食べたい

（採食エンリッチメント）

ネズミや鳥などの小動物を頻繁に捕まえて食べるのが、猫本来の食性。一気にたくさん与えると吐きやすいので、食いしん坊な猫には、**少量ずつ複数回**に分けて与えましょう。

また、本来は食べる前に獲物を「**見つける→狙う→襲う→息の根を止める**」という一連の流れがあります。毎日おいしいごはんから必要十分な栄養素を摂るだけで満足かもしれませんが、たまにこのような「**狩りの刺激**」を食事に取り入れると、より一層欲求を満たすことができるでしょう。

猫がフード入りのおもちゃを転がすと…

たとえば、市販のパズルフィーダーを使う方法です。猫が前脚を器用に使ってフードを取り出すしくみの器やおもちゃで、下の写真もその一つ。猫がボールを転がすと中から少量のフードが出てきます。ペットボトルや筒状の箱などに穴を開けて（切り口をテープで覆います）代用してもOK。慣れてきたら穴を小さくして難易度を上げます。ほかに、キャットタワーの上におやつやフードをのせて駆け上がらせたり、投げて猫に追いかけさせて、運動を兼ねてもいいでしょう。

以上のような、**「どうやったら食べられるか」を考えて体を使うチャレンジ**は、日々の暮らしの中での刺激になるうえ、飼い主さんとの絆も強めるコミュニケーションにもなるでしょう。

中からポロリと出てきます

飲み方には、こだわりがあるんです

（採食エンリッチメント）

祖先のリビアヤマネコは半砂漠地帯出身であり、猫にも少ない水を体内で効率的に活用するしくみが備わっています。しかし、飼い猫は獲物から水分を得ることがないので、その分飲み水などからの水分補給が必要。摂取量が足りないと、腎臓への負担の原因となったり、尿中のミネラル成分が結晶化して結石ができやすくなります。

与える水は、水道水でOK。硬度（マグネシウムやカルシウムが、水に含まれている量を表したもの）が高過ぎると結晶化の心配はありますが、日本の水は地中での滞留時間や河川の長さが短いので硬度は低い傾向に。水道水の目標値も10〜100mg/ℓの設定で軟水の範囲（東京都の水道水は平均60mg/ℓ程度）なので、問題ないでしょう。

猫ごとのこだわりを見極めて、飲水量アップ！

猫がよく通る場所を含めて複数箇所に水飲み容器を置き、さりげなく水分補給を促します。ただ容器に入れて置くだけではなく、愛猫の「こだわり」を見極めましょう。

●食事場所から離す

猫本来の習性では、水飲み場と食事する場所は別々。フードと水飲み容器の位置を離しましょう。

●フードからの水分摂取

ドライフードをお湯やスープでふやかしたり、ウエットフードをトッピングすると、食事からの水分摂取量がアップ。

●愛猫が好みやすい水を用意する

水よりお湯を好む猫、氷を入れると飲む猫などいろいろ。水道からの水しか飲まない猫は、人が留守中も飲めるように循環型の給水器を試してみても。

●容器の形状にも配慮

ヒゲが器の縁にあたる感覚を嫌がる猫もいます。水がたっぷり入る直径20㎝ほどのボウルや、猫が前屈みにならない高さの容器がベスト。

コミュニケーションは、猫らしい感じで
（社会エンリッチメント）

初めての来客にも自ら進んで“接客”をしたり、迎えた初日から飼い主さんに懐く警戒心のない猫もいたりしますが、多くの猫は、単独行動由来の気質から、相手が危険な存在ではないとわかるまでは接してきません。中には、飼い主さんに懐くまでに数年かかるような慎重な猫もいます。

だからこそ、人が猫と距離を縮めていきたい場合も、まずは初対面の猫同士のように「**警戒心を解く**」ことから始めたいもの。いきなり抱っこしたり、大きな声で「かわい～」と詰め寄るのはご法度。自分からなでに行かず、猫が寄ってきてくれるのを待つなど、猫のペースを尊重しましょう。

猫らしく嗅覚コミュニケーションから

猫同士での挨拶は、鼻と鼻を近づけ合うのがマナー。互いのニオイを嗅いで、情報交換を行います。猫が怖がったり、攻撃したりする様子もなければ、これに近い形で「**ご挨拶**」をしてみましょう。猫からやや距離を置いて手をリラックスさせて**指を差し出します**。猫のほうからニオイを確認しようと鼻を近づけてくれたら成功です。猫が怖がらなければ、そのまま指で頬や頭をなでてあげるといいでしょう。

指先のニオイを嗅がせて、ご挨拶

ゆっくり瞬きで、敵意がないことを伝えて

相手の目をじっと見つめるのは、優位にある立場の猫が攻撃性を示すサインなので、猫を萎縮させてしまいます。目を細めたり、**ゆっくりと瞬きをして「敵意がない」**ことを眼差しで伝えましょう。やさしく小さい声で話しかけてあげると、安心できる存在と認識してもらいやすくなります。

頭・頬・あごから、やさしくなでる

スキンシップは、「**毛づくろいを手伝う**」イメージで、そっと。初めのうちはよくこすり付けを行う頭や頬、猫が自分でなめられないあごの下などをなでましょう。敏感な足先やしっぽ、急所であるお腹は、ある程度慣れてから。人の手を怖がる猫には、歯ブラシなどでなでるといいでしょう。ブラッシングや歯磨きに慣れさせやすいメリットもあります。

できればスキンシップは子猫のうちから

早期に母猫から離れて人とも接触していない子猫は、過敏性や恐怖心が強く、人に攻撃的になりやすいという指摘があります。しかし、1日30〜40分ほどの「**ハンドリング**」(なで

たり抱き上げて全身をくまなく触る）で、**人や見知らぬものに対する警戒心が薄れた**という研究結果があります。また、別の研究でも１人よりも５人のハンドリングを受けた子猫のほうが人に親愛的になったという報告も。子猫を迎えたら、早期から複数の人と接触させる機会をもつといいでしょう。

スキンシップは、健康チェックも兼ねて

コミュニケーションは、**ケガや病気の早期発見**につながります。「目やにの色がいつもと同じか」「鼻水が出ていないか」「あごの下に炎症がないか」「お腹にハゲがないか」「熱くないか」など、愛猫の顔や体にいつもとの「違い」がないか観察するクセをつけましょう。また、いつも触れている部位に触れたときに**攻撃的になる場合**、できものや内臓疾患、関節痛など、何らかの「痛み」のサインという可能性もあります。

皮膚をやさしくつまんで、とろけるマッサージ

不安も安心もシゲキも、ニオイから

（感覚エンリッチメント）

あちこちに自分のニオイを付けて安心します

猫の鼻腔内の嗅上皮（きゅうじょうひ）の面積は20～40㎠。分布する嗅細胞の数は人間の約2～5倍にあたり、猫は人が感じられないニオイも敏感にとらえていると考えられます。鼻だけではなく、口の上部の口蓋にも「**ヤコブソン器官**（鋤鼻器（じょびき））」という嗅覚器官があり、ほかの猫が発する「**フェロモン**」を感じ取ることができます。

そんな嗅覚が優れた猫にとって、ニオイは周囲の安全を探るための重要な情報。マーキングによって、室内や飼い主さんに自分のニオイを付けて、安心感を得ています。ニオイの刺激に満足できるように、環境面から考えてあげましょう。

こすり付けは、できるだけ自由にさせて

マーキングにはおもに3段階あり、残す「ニオイ」と「猫の主張」の強さは比例していると考えていいでしょう。

まず、**比較的軽度なマーキングが「こすり付け」**です。猫の顔や体には皮脂腺があり、排出される分泌物をあちこちにこすり付けます。壁の角などの目立つところに頬をスリスリしたり、飼い主さんに頭部をごっちんとさせたり。家具に何度もこすり付けると皮脂汚れが付きやすいですが、許容できるなら拭き取らずに残してあげると猫は安心できるでしょう。

爪とぎ器は、室内のあちこちに用意を

その次に強度なマーキングが「爪とぎ」です。爪をメンテナンスするほか、足先から出るフェロモンと爪とぎ跡によって嗅覚的・視覚的に自己主張するマーキングの役割もあります。不仲な相手には「ここは自分の場所だから近づかないように」という警告であり、好意を寄せる相手には「ここにいますよ」というアピールの意味に。

さらに、ジャンプに失敗したり、ちょっかいを出されたりなどの「ちょっとイヤなこと」があったときに気分を切り替えるリフレッシュの意味もあります（「**転位行動**(てんいこうどう)」）。爪とぎ器は、猫の本能を満たす重要な“インテリア”と思って、複数箇所に置いてあげましょう。

強力なニオイで主張する尿スプレー

そして**最も強度なマーキングが「尿スプレー」**です。飼い主が外で付けてきたニオイや同居猫との争いなど、環境面での不安がもとになり、自分のテリトリーを強く主張するためにする行動です（対応はP48）。

猫にとっては、嫌なニオイも環境面でのストレスになります。とくにタバコやアロマなどは、猫の体にとって有害性が指摘されています（P149）。こうしたニオイは、できる限り室内から取り除いてあげましょう。

外出時も、ニオイで安心感を与えて

動物病院への受診など外に出るときや、引越しで大きく環境が変わるときにも、自分のニオイが付いたものがあると猫は安心できます。お気に入りのブランケットをキャリーケースに敷いたり、引越し先の猫トイレには使用済みの猫砂を足すなど、工夫してみてください。

外からの刺激を、家の中でも楽しめるように

一方、季節によって変わる景色や、漂う草木の香り、鳥や虫などの鳴き声など、屋外からの刺激は、視覚・嗅覚・聴覚に働きかけます。網戸にストッパーを付けたり、柵などの脱走対策をしたうえで、猫が窓のそばに行けるようにしましょう。

ただし、周囲にノラ猫が多い家では逆にストレスになる恐れがあるので、1階の窓やカーテンは閉め、猫が安心できる高さ（2階以上）に居場所をつくるほうがいいでしょう。

ネズミ捕り名人もいれば、鳥好きもいます
（認知エンリッチメント）

「遊び」というと娯楽の印象がありますが、猫にとっては獲物を捕まえる行動に代わる本能的な欲求。遊び足りないと、欲求不満から問題行動を起こしやすくなります。たとえば猫が深夜に興奮して走り回る「**夜**(よる)**の大運動会**(だいうんどうかい)」**も日中の刺激不足**が関わり、よく遊ぶことで解消する場合があります。食事の用意やトイレの掃除などと同じ位置づけで、「**暮らしに欠かせないお世話**」として取り入れましょう。

猫の狩りは獲物を待ち伏せして瞬時に決着をつけるスタイルで、早朝と夕方を中心に幾度も繰り返します。遊びも同様の時間帯に、**1匹ずつ、5分程度でもよいので回数を多め**に。とくに子猫のうちはたくさん遊んであげましょう。

狩りの演出で、盛り上げて

「うちの猫は遊ばない」という声もよく聞かれますが、猫の前に行って何となくじゃらし棒を振っていませんか？　それでは、勝手に食べられに来る獲物のようで非現実的。落ち葉の下を逃げるネズミに見立ててカーペットの下でもぞもぞ動かしたり、空中を飛ぶ鳥のように動かして猫がパンチするたびに弱めるなど、「**リアルな狩り**」を演出しましょう。最後はしっかり捕まえさせて終了します。

愛猫が好むおもちゃのタイプや動きを見極めて

動物病院は苦手だけど、病気は困るから…

猫は、本来１匹でも生きていける動物らしく、自分で体をきれいにしたり、たっぷり睡眠もとったりと、体のメンテナンスが上手。でも、もちろんマスクをして感染症を防いだりはできません。病気になったら治療のサポートは必要です。「拾った猫にお金はかけられない」「猫を病院へ連れて行く発想がない」という価値観もありますが、**愛猫の健康を守れるのは飼い主さんだけ**です。できる限り病気にかからないように管理し、病気にかかったら獣医療を受けさせましょう。

健康を願うなら、動物病院は避けられない関門

外出に慣れていない猫にとって受診は、「家の外へ連れ出される」「知らない場所に滞在する」「知らない人（獣医師や動物看護師）と接する」と、恐怖体験のオンパレード。そんな嫌がる猫を捕まえて、無理やり動物病院へ連れて行くのは、たしかに「かわいそう」で「申し訳ない」ですが、はっきりとした症状が表れてから受診しても、時すでに遅し。すでに病気が進行している可能性もあります。日頃から愛猫の様子をよく観察し、「排尿時に痛がる様子がある」「いつもよりたくさん水を飲む」「嘔吐物の色がいつもと違う」など、異変を感じたらすぐに受診するようにしましょう。

健康診断で、動物病院に慣れさせる

動物病院に慣れさせるためには、「**健康なうちの受診**」を。健康時のデータがあると、悪化したときの診断材料になるメリットもあります。健康診断の目安は以下の通りです。

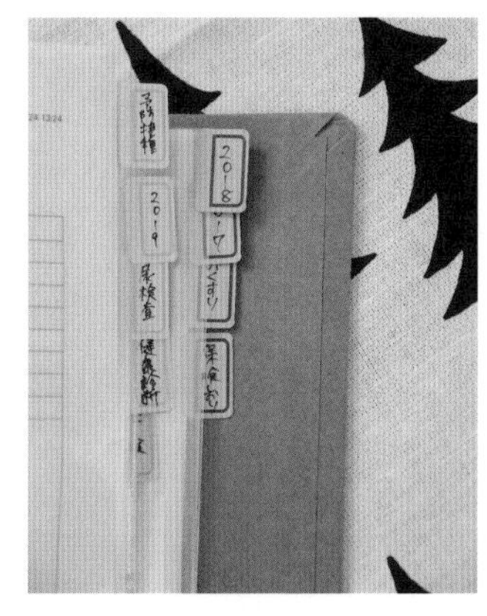

- 子猫から中高齢（7才頃）…年に1回
- 中高齢以降…「慢性腎臓病」や「甲状腺機能亢進症」などのリスクが高まるので、半年に1回

猫が嫌がりやすい肛門腺絞り（肛門腺に溜まる分泌物を排出させて、炎症や肛門嚢の破裂を防ぐ）や爪切りを動物病院に任せたり、生活環境が変わったときに“とりあえず”受診しておくのもいいでしょう。

室内飼いでもワクチン接種が必要なワケ

猫を感染症から守るためには、ワクチン接種が有効です。脱走時や窓越しにノラ猫と接触したり、外でほかの猫と接触した飼い主さんが衣服や靴にウイルスを付着させて帰宅するリスクがあるので、室内飼いでも接種が勧められています。

現在、国内のワクチンで防げる感染症は6種。すべての猫に接種が推奨されているのが、「**コアワクチン**」とも呼ばれる**3種混合ワクチン**です。①猫カゼとして知られる「**猫ウイルス性鼻気管炎**」、②同じく「**猫カリシウイルス感染症**」、③致死率が高い「**猫汎白血球減少症**（ねこはんはっけっきゅうげんしょうしょう）」の感染力が強い3種の感染症を予防します。近所にノラ猫が多い、猫エイズウイルスの感染猫と同居などの環境に合わせて、ほかの種類のワクチンの接種を勧められることもあります。

子猫期以降の定期的な接種の頻度は、「全米猫獣医協会（AAFP）」や「世界小動物獣医協会（WSAVA）」など海外の獣医協会では3年に1回でもいいとされ、近年は国内の「ねこ医学会（JSFM）」でも3年に1回が推奨され始めています。ただし感染猫と同居していたり、住居が1階でノラ猫と接近する恐れがあるような場合は、1年に1回の接種が安心でしょう。環境のほか獣医師の考え方や猫の持病の有無、屋外への興味、副反応の経験等にもよるので、動物病院で相談を。

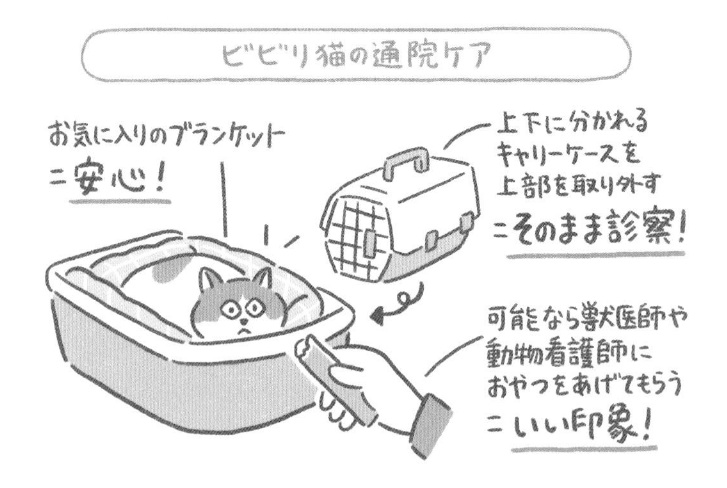

動物病院を選ぶポイント

かかりつけの動物病院を選ぶ基準は、「高度な検査を受けたい」「猫が男性を怖がるので女性の獣医師がいい」など、動物病院に求めるものにもよります。また、飼い主さんと獣医師も人と人である以上は相性があるので、対応に納得できるかどうかも大切です。こうした点から、「いい病院」の基準は一概にはいえませんが、目安として**満たされていると安心できるポイント**は以下の通りです。

- 猫や飼い主さんに緊張感を与えないように接してくれる
- わかりにくい病気や専門用語の説明も、丁寧にしてくれる
- 検査や治療にかかる費用を隠すことなく、実施するかどうかの選択を飼い主といっしょに考えてくれる
- 検査に必要な機器がないときや、より専門的な治療が必要なときに、ほかの病院を紹介してくれる
- 飼い主が診断に不安を抱えているときに、セカンドオピニオンを推奨してくれる

最近は、犬と猫とで待合室や診察室を分けたり、猫だけを専門に診たりする、猫も猫の飼い主さんも安心できる環境を整えた動物病院が増えています。猫医学の充実と猫にやさしい環境を整え、「国際猫医学会（ISFM）」の「キャット・フレンドリー・クリニック」の認定を受けた動物病院もあるので、近所にあるか調べてみるのも一案です。

春 こわ〜いマダニやフィラリアにもご用心！

猫の体のしくみは人と異なるので、季節のケアも猫目線で考えましょう。まずは、猫の毛が生え替わる「**換毛期**（かんもうき）」。とくに春はごっそり抜け落ちた毛を毛づくろいによって飲み込み続けると、胃腸で塊になって嘔吐も排泄もできなくなる「**毛球症**」のリスクが高まります。**ブラッシングは年中必要なお手入れ**ですが、春はこの時期増える皮膚トラブルのチェックも兼ねて、長毛猫も短毛猫も１日１回は行いましょう。

新たな感染症「SFTS」は、人の命も危険にさらす

気温が上がると外部寄生虫の繁殖が可能になり、次第に活動も活発化。**ノミは体内に寄生する条虫を媒介**します。

マダニは複数の感染症のウイルスを媒介することで危険視され、その一つが、2011年に中国で新しい感染症として報告された「**重症熱性血小板減少症候群**（じゅうしょうねっせいけっしょうばんげんしょうしょうこうぐん）（SFTS）」。人がウイルス感染すると、重症化して死に至るケースもあります。西日本を中心に感染被害が広がり、2013年１月以降の患者報告数は498人（2020年1月29日時点）。2017年以降は、SFTSウイルスに感染した犬猫の発症報告が相次ぎました。猫の血液などの体液に直接触れると人に感染する可能性があり、SFTSで認められる症状を呈している猫に噛まれた人が発症し、亡くなった事例も。ノミやマダニは室内飼いでも人が知らぬうち

に猫にうつす恐れがあります。愛猫には予防薬を滴下し、山や草木の茂みから帰ったら服や靴に付着していないか確認し、体も速やかに入浴やシャワーで洗い流しましょう。

猫の「フィラリア」は突然死を起こす

蚊から犬への感染で広く知られている内部寄生虫の「フィラリア（犬糸状虫（いぬしじょうちゅう））」。じつは犬から吸血した蚊を媒介して猫にも感染します。国内での調査では、**約10匹に１匹が感染**、うち**約４割は室内飼育**という報告があります。

猫が感染しても無症状のことが多いですが、嘔吐や呼吸困難などの症状が出る頃には、すでに心臓や肺動脈に住み着いたフィラリアが成長していて、**突然死**の原因となります。**検査による発見は困難**で、取り除く手術ができる動物病院もごく一部。蚊が吸血する季節は予防薬を滴下すると安心です。

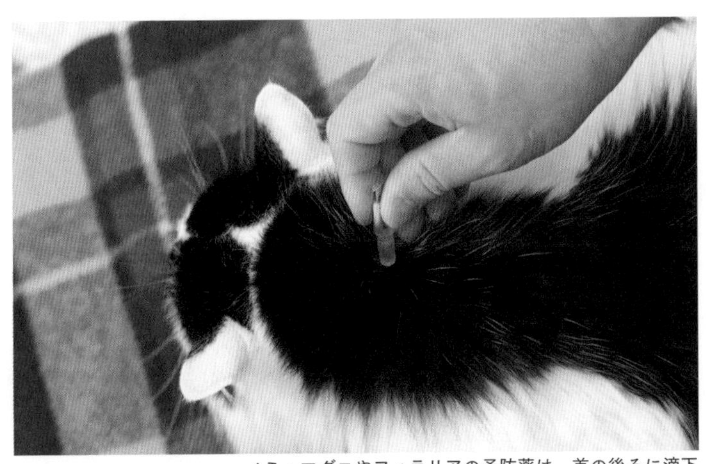

ノミ・マダニやフィラリアの予防薬は、首の後ろに滴下

夏 最近の猛暑は、猫にもしんどい

近年の猛暑では、猫も熱中症リスクが上がっています

猫は半砂漠地帯出身ゆえ「暑さに強い」と思われがちですが、日本の夏の**「高温多湿」には適応しにくい**ようです。

猫は、人のように体中から汗を出すことができず、耳などの毛の薄い部位から熱を放ったり、毛づくろいによる唾液の気化熱によって体温上昇を防いでいます。ところが湿度が高いと、唾液が蒸発しにくくなり体温調節が困難に。とくに近年の猛暑傾向によって、「食欲不振」「元気がなくなる」といった夏バテ状態になったり、熱中症にかかるリスクもより高まっています。とくに体温調節が苦手な子猫や高齢猫は、十分な注意が必要です。

快適に過ごせる涼しい環境を用意して

夏でも猫が涼しく快適に過ごせる環境を整えましょう。

- 室温は28℃以下、湿度は50～60％が目安
- ドアを少し開けてストッパーを付けるなど、エアコンのある部屋・ない部屋を自由に行き来できるようにする
- 猫の寝床は、エアコンの風や直射日光を避けた場所へ
- 市販のクールマットやグッズを活用する
- 水飲み場を増やして脱水を予防する　など

留守番中や移動中は、熱中症のリスク大！

熱中症にかかりやすいシーンは「**留守番中**」。猛暑日は、留守中もエアコンが必要です。家を出る前にスイッチの押し間違えで「暖房」にしていないか、クローゼットなどに猫を閉じ込めていないか確認しましょう。通院や帰省などの「**移動中**」も注意が必要です。保冷剤をタオルで包んでキャリーケースに入れるなどして、温度上昇を防ぎましょう。

熱中症になると、「**体温が40℃を超える**」「**犬のようにハアハアと呼吸する**」「**よだれが出る**」「**嘔吐・下痢**」といった症状が表れます。進行すると「**ぐったりする**」「**痙攣を起こす**」ほか、「**呼吸困難や脱水**」で死に至るケースもあります。熱中症が疑われる症状が表れたら、直ちに濡れタオルや保冷剤で体を冷やし、動物病院に指示を仰いでください。

秋 食欲止まらなくて、ついぽっちゃり

秋頃から食欲が増すのは、人も猫も同じ。その理由の一つとして気温が低下しても体温を一定に維持するためには、エネルギーが必要になるからです。しかし、室内だけで過ごす飼い猫はエネルギーをさほど消費せず、蓄えられた脂肪は体に付いたままに。

ぽっちゃり体型の猫はかわいいのですが、太り過ぎてしまうと、体が曲がらずに**毛づくろいができなくなったり**、体重増によって**内臓や足腰へ負担がかかってしまう**弊害があります。また、「糖尿病」「肝(かん)リピドーシス」などの病気にかかるリスクも上がります。

まずは食事の見直しや運動でダイエット

肥満対策の基本は、**食事の見直し**です。まず、フードのパッケージを見て、適正量を与えているか確認を。もし適正量でも体重が増加するようなら、低カロリー・低脂質、食物繊維を多く含んだ満腹感を与える仕様のフードを活用します。あるいは獣医師に相談して、ダイエット計画を立てましょう。飼い主さん判断で適正量以下に減らすのは、健康を損なう恐れがあるのでやめましょう。

また、おもちゃで誘導して上下運動をさせるなど、**積極的にエネルギー消費**を促しましょう。食いしん坊な猫には、お

やつやフードを使った遊びがおすすめ（P118）。遊びで食べた分のカロリーは、食事から引いてください。

少しの体重の増減も、大きな変化

秋頃から毛の密度が増すので、見た目から太った・痩せたを判断しにくくなります。体に余計な脂肪が付き過ぎると、肋骨あたりを触ったときに骨に触れる感覚がなくなるので、目安にしてもいいでしょう。

体重の増減ですが、たとえば体重が５kgの猫が６kgになるのは、50kgの人が60kgになるのと同じこと。人の感覚で「ちょっと増えた・減ったかな？」という程度でも、猫からすると「かなり増えた・減った」ことになります。**３カ月以内で、５％の増減があれば要注意**です。

猫の体重測定は、猫を抱っこして体重計にのり、人の体重を引いてもOK

冬 寒さに乾燥。体調悪化シーズン！

猫は、暑さよりも寒さが苦手。とりわけ動きが鈍くなり痩せてきた高齢猫や、持病がある猫には寒さがこたえます。**冷え込みが強まる前から防寒対策**を考えましょう。夜間に暖房を切るようなら、夜でもぬくぬく温まれる居場所づくりをして、昼夜との気温差で体調を崩さないように配慮を。

- 猫ベッドにブランケットなどを敷いて保温効果を上げる
- ダンボール箱や発泡スチロールの箱など保温効果の高い素材で、防寒ハウスをつくる
- ペット用のヒーターを活用する　など

お気に入りの居場所に、あったかスポットがあると○

湿度も上げて感染症を悪化させない

空気が乾燥すると、鼻や喉の粘膜も痛めやすくなり、「猫カゼ」などのウイルスに感染している猫は、冬に症状が悪化しやすくなります。暖房時は加湿器を併用し、湿度が下がりすぎないように注意を。理想の湿度は、50〜60%程度です。

ホットカーペットやカイロの低温やけどに注意

赤外線ヒーターは、被毛やヒゲを焦がしやすいので、猫を近づかせ過ぎないように。ホットカーペットは猫も大好きなアイテムですが、とくに熱に鈍い高齢猫は低温やけどすることがあります。温度は低めに設定し、同じ姿勢で寝続けていたら移動させてください。保護した子猫のいる箱に、カイロやペットボトルの湯たんぽを入れる場合も、熱くなり過ぎないようにタオルに包みましょう。

冬は、オシッコの病気にもかかりやすい

猫が寒さからトイレに行くのを嫌がったり、飲水量が低下すると、「尿石症（にょうせきしょう）」や「膀胱炎（ぼうこうえん）」などの下部尿路疾患を発症しやすくなります。排泄時に悲痛な声で鳴いたり、血尿などの兆候があったら受診を。トイレの配置は冷え込む場所を避けて、できるだけ猫が水を飲むように工夫しましょう（P120）。

巻き爪は痛いから、爪切りはしておこう

本来、獲物を捕まえるという重要な役割がある猫の爪。しかし、室内ではカーテンなどに引っ掛けてケガをする恐れがあります。人を引っかいたときのケガ防止のためにも、爪先が尖ってきたら切りましょう。ピンク色に透けて見える血管を切ると出血してしまうので、先端の細い部分だけを切ります。爪が黒っぽい猫や、爪の層が分厚い高齢猫は血管が見えにくいので要注意です。

とくに年をとると爪とぎの回数が減り、爪が太くなってきます。さらに、筋力の低下によって爪が出たままになるので、**高齢猫は、太く伸びた爪が肉球に刺さる「巻き爪」を起こしやすくなります**。巻き爪によるケガを防ぐためにも、若いうちから爪切りに慣れさせておきましょう。爪切りが苦手な猫には、以下の方法も試してみてください。

- 爪切りを室内に置いておき、その“存在”に慣れさせる
- 目がらんらんとする、耳を横に向ける、しっぽを振るなどの「イヤ」のサインが出たらすぐにやめる
- 1日1本切るだけでもOKとする
- バスタオルで顔と爪を切る足（片方）以外を包み込む
- 終了後におやつをあげるなど「いいこと」と印象付ける
- どうしても無理なら、動物病院に任せる　など

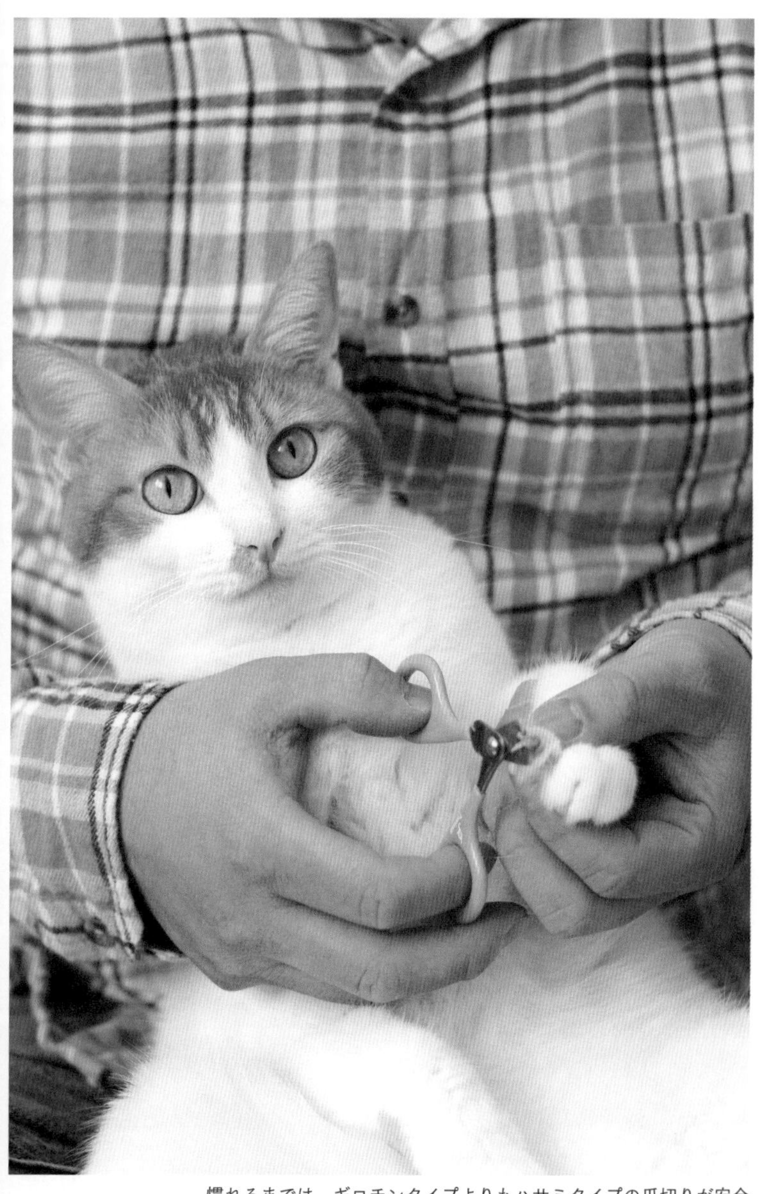

慣れるまでは、ギロチンタイプよりもハサミタイプの爪切りが安全

腎臓病予防にも？　できるなら歯磨きを

猫はほとんど虫歯にはなりませんが、**３才以上の猫の約８割が「歯周病」**という報告があります。歯周病は進行すれば痛みを伴い、毛づくろいや食事が満足にできなくなります。さらに猫では、「**歯科疾患が重度であるほど、早期に慢性腎臓病にかかる**」という報告もあります。腎臓病は治すことができない病気なので、予防を考えるうえでも歯磨きの習慣は大切といえるでしょう。歯周病の原因は、歯垢に含まれる細菌。歯垢が歯石に変わると歯磨きでは除去できなくなり、口臭の原因にもなります。１日１回、難しいようなら3日に1回を目標に歯磨きを行い、歯石化を防ぎましょう。

「口に触る」から、徐々にステップアップ！

いきなり歯ブラシで磨こうとしても嫌がる猫が多いので、「**口に触れるようになる→１本だけ磨く→磨ける本数を増やす**」という手順を踏むといいでしょう。歯周ポケットの汚れは落とせませんが、指に歯磨きシートやガーゼを巻いて磨く方法から慣れさせてもOK。

また、「少し磨く→ごほうびにおやつをあげる」を繰り返してもいいでしょう。おやつによって歯磨き効果は多少薄れますが、長期的に続けられるようなら、総合的には歯垢の除去効果があると判断できます。

ペット用の歯ブラシか、ヘッドが小さい幼児用のものを

解熱剤、ユリ…。身近な“毒物”が命取りに

人がよく口にするものでも、体の構造が異なる猫が口にすると、嘔吐や下痢などの中毒症状を起こしてしまうことがあります。そのほか、植物や身近なものにも危険が潜んでいます。猫の体は人よりもずっと小さいため、少量の摂取でも致死量に達することがあると知っておきましょう。

ここでは、とくに中毒の危険が高いものを紹介します。猫が届かないところへ収納したり、猫が入れない部屋に置くなど、できる限り猫から遠ざけてください。

● **「アセトアミノフェン」「イブプロフェン」が入った薬**　解熱鎮痛剤に含まれていることが多い成分。とくにアセトアミノフェンは猫に対する毒性が強く、薬を**1粒でも口にしたら死に至る**可能性があります。猫が発熱しても絶対に与えないでください。

● **α-リポ酸のサプリメント**　ダイエットサプリによく含まれている成分。含有量によっては、猫が**2粒ほど飲めば死に至ります**。しかも、猫が好むニオイをしていて、好んで袋を食い破ってまで口にするので注意が必要です。

● **ユリ・チューリップ**（ユリ科の植物）　肉食動物である猫の肝臓は、草食動物と違って植物に含まれる毒をほとんど代謝でき

ません。とくに毒性が強いことで知られているのがユリの花。**一口かじっただけでも死の恐れ**があります。人の服についた花粉をなめたり、生けていた花瓶の水をなめるだけでも危険で、同じユリ科のチューリップも2018年に死亡例があります。そのほか、アザレア、ソテツ、 クリスマスに飾ることが多いシクラメンやポインセチアなど、400種類以上の植物に毒性が確認されています。一方で毒性が判明していない植物もあるので、近づかないための対策ができない場合は、「花や観葉植物は猫がいる部屋に置かない」くらいのほうが安心です。

●**人の塗り薬**　人が治療のため体に塗った軟膏やローションなどをなめて、中毒になることがあります。

●**ネギ類**　人の食べ物にも猫が中毒を起こしやすいものがあり、玉ねぎ、ニラなども含めたネギの仲間は、赤血球を破壊する成分が「溶血性貧血」を引き起こします。さらに流れ出たヘモグロビンが腎臓へダメージを加え、「急性腎障害」を起こす恐れも。加熱調理したハンバーグや餃子、ニンニクを使ったサプリメントも危険です。ほかに「チョコレート」「アボカド」「生のエビ、カニ、貝類、イカ、タコ」なども、猫が中毒を起こすことで知られています。

●**アロマオイル**　猫の体にアロマオイルが吸収されると、吐き気などの体調不良を引き起こすことがあると明らかになってきました。**猫の皮膚は薄いのでオイルが浸透しやすく、猫の肝臓はエッセンシャルオイルを分解できない**ことがあるのが関係すると考えられます。アロマディフューザーなどで空気中に拡散する蒸気でも、体に付着した成分をなめて体内に蓄積させてしまう恐れがあります。

●**タバコ**　吸い殻を食べると、**ニコチン中毒**に。煙に含まれる成分は家中に拡散して壁や身の回りにも付着し、さらに毛づくろいによって被毛についた成分も体内へ。タバコの煙は、猫がかかりやすい癌の一つ**「扁平上皮癌」や「リンパ腫」の発生率を高める**こともわかっています。

命取りになる「誤食（ごしょく）」もあります

猫は犬よりも捕食性の行動が顕著で、動いたり、カサカサと音が鳴る“獲物っぽい”ものに強く反応します。とくに好奇心いっぱいの若い猫は「誤食」に注意。羽や毛のついたおもちゃ、包み紙や糸切れ、輪ゴムなどを口にするうちに飲み込むことがあります。うまく排泄されれば問題ありませんが、体内に残されて、吐き気などの症状を引き起こすことがあります。最悪、全身麻酔を使用した開腹手術が必要で、治療費も高額に。以下は、**誤食するととくに危険なもの**です。

● **ボタン電池**　人の子供でも事故が多く、危険度が注目されています。飲み込むと食道や胃がわずか数十分でただれ、さらに時間が経つと穴が開いてしまい、治療が長期化する恐れがあります。飲み込んだと気づいたら、**症状がなくても一刻も早く受診**しましょう。ボタン電池を使った猫のおもちゃもあるので、フタが外れやすくなっていないか定期的に確認を。

● **糸やひも**　早ければ飲み込んで数時間で腸まで達しますが、長いものは排泄の過程で腸を引きつらせ、組織を壊死（えし）させてしまう恐れがあります。毛糸やリボンで遊ばせるのはやめ、ひも状のおもちゃは、遊んであげるとき以外はしまっておきましょう。

親しみサイン

相互毛づくろい（ソーシャルグルーミング）

毛づくろいをし合うことで、お互いのニオイを交換して安心する行動です。仲がいい猫同士で見られます。

4のおねがい

ずうっと、
離れたくない

はぐれちゃっても、また会いたいから

迷子札は、引っ掛けても外れやすい安全首輪に装着

保健所や動物愛護管理センターには飼い主不明の猫が収容されています。たとえ飼い猫が脱走して保護されたとしても、身元がわからないままでは殺処分の恐れも。脱走してしまったら、保護されていないかすぐに問い合わせましょう。
「今まで逃げたことがないから」と、油断するのは禁物。網戸を突き破ったり、災害時には避難中にはぐれる・破損した家屋から脱走するリスクもあります。近年は、**地震で猫がパニックになって脱走した報告**がSNS上で多数ありました。室内飼いでも、名前や飼い主さんの連絡先を書いた**迷子札や、「マイクロチップ（MC）」の装着などの身元証明**は必要です。

マイクロチップは、人と猫をつなぐ"最後の砦"

「マイクロチップ」とは、**犬や猫などの動物の個体識別をするためのもの。**直径約2㎜・長さ約8～12㎜の円筒形のガラスやポリマーのカプセルに包まれた小さな電子標識器具で、猫の場合は、首の後ろに埋め込むのが一般的です。

日本でも装着数が増え続け、日本獣医師会の「動物ID情報データベースシステム」に登録されている**猫の数は50万506件**（2020年2月26日時点）。猫では生後4週齢頃から装着が可能です。装着は獣医療行為にあたるため、必ず獣医師が行います。装着にかかる費用は動物病院によりますが、数千円ほどです。

リーダーを使って、飼い主と猫の情報がわかる

マイクロチップの情報は、**装着するだけでは登録されません。**装着後、指定機関に申請して住所や連絡先、猫の生年月日などのデータを登録します（登録料は装着料と別にかかります）。引越しや名前の変更などがあれば、情報を更新する手続きが必要です。ペットショップ等でマイクロチップ装着済みの猫を購入した場合は、販売先が登録手続きを代行します。

登録番号を読み取るためのリーダーが置かれているのは、おもに保健所や動物愛護管理センター、動物病院、警察署など。保護された猫が装着していれば登録番号からデータベースに照会し、飼い主さんに連絡することができます。

迷子札・マイクロチップのメリットとデメリット

迷子札とマイクロチップ、どちらを着けるか？　迷子札のメリットと注意点をもとに考えましょう。迷子札のいい点は、連絡先等を誰でも目視できることですが、以下の注意点もあります。

- 首輪が木の枝などに引っ掛かると外れてしまう
- 一方、外れにくい首輪は、首を絞めてしまう可能性がある
- 猫が嫌がって、そもそも首輪を着けられないこともある
- 自分で連絡先を書く迷子札は字が消えやすい
- 猫が盗難に遭い首輪を外されたら、飼い主証明ができない

一方で、マイクロチップは体内に埋め込んでしまうので、外れたり、情報が消えてしまう心配はありません。**安全首輪に迷子札を着け、マイクロチップを併用する**と安心でしょう。

デメリットとしては、ワクチン接種よりも太い針の注射で挿入するため、皮膚が柔らかい猫でも装着時に多少の痛みがあること。全く気にしない猫もいますが、子猫のうちか、不妊・去勢手術で麻酔をかけるときに埋め込むのが理想です。

また、猫を海外から日本に持ち込んだり、連れて帰る場合にもマイクロチップの装着が必要です。

動物愛護管理法改正のポイント

販売業者へのマイクロチップ装着の義務化

2019年の改正法では、新たにマイクロチップ装着に関する条文が追加されています。注目されたのは、犬猫の**販売業者に対するマイクロチップの装着と情報登録の義務化**（第39条の２第１項）。すでに猫を飼っていたり、ほかのルートで迎えた猫の飼い主さんに対しては**努力義務**に留まり、「装着するよう努めなければならない」となっています（第39条の２第２項）。マイクロチップ関連の条文は第39条の２～26にわたり検討事項も多く、**公布から３年以内**（2022年）の施行となります。

マイクロチップによる個体識別

「同行避難」のために、あなたができること

避難所で猫が生活するケージは、飼い主さんが用意します

相次ぐ台風や洪水被害に地震。大災害は「滅多にないこと」ではなく、「日常」へと近づきつつあります。不測の事態に、猫をどうするか？　ふだん家から出ない猫の飼い主さんならではの悩みがあるのではないでしょうか。

環境省が基本とするのは、人の安全を確保し、逸走にも注意したうえで**猫といっしょに避難する「同行避難」**です（同室で飼養管理する「同伴避難」とは異なります）。しかしながら近年の災害では、猫を連れて避難所に入れなかった報告が多数あり、「それなら猫と家に残って運命をともにする」という声も上がるなど、同行避難の課題も露わになりました。

2020年改正の「動物愛護管理基本指針」では地域防災計画等に関するペットの位置づけの明確化などが盛り込まれる見込みで（4月公布予定）地域の実情に応じた対応強化も期待されますが、飼い主さん自身も以下を確認して備えましょう。

● 指定避難所への猫を連れた同行避難は可能か
（大雨洪水等の風水害では避難所が異なる、避難ができないなどのケースもあるので注意）
●（自治体から特別に求められ）持参する必要があるもの　など

避難所が「猫の受け入れ不可」だったら…

各家庭に合った災害シミュレーションは重要です。できれば猫をキャリーケースに入れて避難所まで歩いたり、地域の防災訓練に参加しましょう。訓練では地元の防災対策を把握できるほか、職員や防災ボランティアに同行避難の必要性を直接届けられるメリットもあります。ただし、それでも地域の理解が得られない場合があるかもしれません。また、たとえ受け入れ可でも、長引く避難生活は猫に負担がかかります。不可の場合や緊急避難後の対応も考えておきましょう。

● 家屋倒壊や二次災害の心配がなく自宅が安全なら、在宅避難（人も猫も家or猫だけ家）も考える
● 離れた地域に住む親族・知人に一時預かりを相談しておく
● 車やテントでの生活を視野に入れて備えておく　など

猫を助けるには、人の命がまず優先！

どんな場合も、人の身の安全確保が最重要。**飼い主さんが助からなければ、愛猫は生きていくことができません。**猫の身を守るためにも、防災グッズを活用して室内の安全を確保しましょう。

- 大きな家具や家電、猫タワーやケージは、転倒防止グッズで固定する
- ガラスに飛散防止のフィルムを貼る
- 戸棚の扉や引き出しに、ストッパーを付ける　など

飼い主さんが外出中に被災した場合、交通網の麻痺や安全上の理由で、その日のうちに帰れない恐れもあります。猫だけで長時間生活できるように環境を整えておきましょう。

- 押入れの一角などの倒壊しにくいスペースに、猫の避難場所を確保する
- 遠隔操作できる自動給餌器や、ペット用の見守りカメラを活用する
- 飲み水は複数個の容器に、たっぷり用意する　など

避難先の人たちへの配慮を忘れずに

避難所は、猫を好きな人も嫌いな人も猫アレルギーがある人も含めた地域住民が丸ごと逃げてくる場所。家での暮らしとは異なり、「管理」の責任が大きく問われます。愛猫を"嫌われ者"にさせないためにも、今後も理解を得続けるためにも、**現地で適切にお世話をする心構えと準備が大切**です。避難所から自宅に戻るときも、使用済みの猫砂や糞尿、フードの残り、抜け毛などを片付けたり持ち帰るなど衛生面の配慮を。

キャリーケースやケージに慣れさせておく

避難には、**猫を運ぶキャリーケース**や、**避難先での住まいとなるケージ**が必要です。ペット防災に力を入れている自治体ではケージを用意している場合もありますが、数が不足するかもしれません。基本は自分で用意しましょう。

猫がキャリーケースやケージに慣れていないと避難時のストレスが高くなります。ふだんからふかふかの毛布を入れてベッド代わりにしたり、入ってくれたらおやつをあげるなどして、猫にとって「安心できる場所」「いいことがある場所」と覚えさせておきましょう。

猫の避難用品は「持ち出せるか」まで考えて

猫のために持ち出すグッズは、家族形態、避難所までの距離、猫の匹数などにも配慮が必要です。とくに抱っこが必要な小さいお子さんや高齢者など補助が必要な人がいたり、多頭飼育の家庭では、1回の移動で持ち出せるものはそう多くありません。いざというときに迷わないように、避難袋にまとめて全体量を把握しておきます。**人用の荷物、猫を入れたキャリーケースといっしょに持って、本当に運べる量かを確かめましょう。**

〈猫の避難用品の持ち出し優先順位〉

優先順位1　常備品と飼い主やペットの情報
●療法食、薬　●フード、水、食器 ●予備の迷子札付き首輪、伸縮しないリード、ハーネス ●布テープ　●飼い主の連絡先・預かり先などの情報 ●愛猫の写真　●愛猫の既往症や健康状態などの情報
優先順位2　ペット用品
●トイレ用品（猫砂・容器など）　●タオル、ブラシ ●おもちゃ　●洗濯ネット　など

参考：環境省「人とペットの災害対策ガイドライン」

持病がある猫は、療法食と薬が最優先！

大規模災害では動物病院も被害を受け、**薬や療法食は避難生活後まで入手できなくなる**可能性があります。受診の際に薬や療法食は多めに購入し、**７日分以上は予備を用意**します。

猫用のフードは、人のものより遅れて届く

過去の大災害ではペット用の車両が緊急車両として認められず、ガソリン不足も加わり、救援物資の到着が遅れた報告もあります。**フードと水は５日〜できれば７日分以上**の用意を。フードの保管や持ち運びには、１kg以下の袋や小分けのタイプが便利です。たとえば1日の適正量が65〜80gなら７日分で455〜560g。500gパック１袋が目安となります。

器が必要ないウエットタイプのおやつは、水分補給にも便利。「総合栄養食」ならバランスよく栄養を摂取できます。

食事は、食品用ラップをかけた器にのせても

食器はステンレスや陶器が衛生的ですが、持ち出すことを考えると重さがネック。折りたたみ式のシリコンの食器もありますが、断水したら洗うための水も貴重です。その場しのぎの方法として、紙皿や、新聞紙などで作った箱をラップで覆ってお皿にする手もあります。ラップや紙の誤食には注意ですが、器を汚さず、食べ残しもそのまま捨てられます。

ミネラルウォーターは、人が飲む量にプラスして

持ち出したり、備蓄するためのミネラルウォーターは、猫の分を分けずに、人の分とまとめて用意すればOK。

欧州のミネラルウォーターも日本で一般的ですが、欧州の水は、日本の水と比べてミネラルの含有度が高い傾向があります。ミネラルの摂取過多は結石の原因となりますが、かといって欧州の猫に尿石症が多いという報告はとくにありません。災害時に短期的に飲む分であれば、あまり心配はないでしょう。ただし、人工的に硬度を高くした「超硬水」と呼ばれるような水は、水道水との硬度の差が大きいので避けたほうが無難です。

水は特に重い荷物。持ち運べる量の確認を

布テープは、何かと活用できる

手で切ることができる布テープが便利。ダンボール箱で猫の隠れ家を作ったり、箱にビニール袋を入れて簡易トイレを作ったりと何かと活用できます。ごはんや水を軽い紙の器に入れる場合、底に貼り付ければこぼれにくくなります。

飼い主と愛猫の情報は、第三者にも伝えやすく

飼い主の連絡先や、愛猫の写真・ワクチン接種状況・既往症・健康状態等の情報は、健康手帳などにまとめておきます。それに加え、飼い主同士でお世話を分担するときにほかの人にも伝えやすいように、ケージに取り付けられるタイプがあると便利です。リング類が付いたプレートに書いて、非常用持ち出し袋やキャリーケースに付けておくといいでしょう。

スマホにも猫の写真データを入れておく

慌てて避難をして、持ち出せたのはスマホと財布くらいだったというシーンも想定できます。愛猫が行方不明になってしまった場合に備えて、スマホにも愛猫の写真データを入れておきましょう。スマホが充電切れになるかもしれないので、プリントした写真も避難袋に入れておきます。

リードは、ベスト型のハーネスとセットで

犬では首輪にリードを付けるのが一般的ですが、猫は首を絞める恐れがあるので、ハーネスを活用します。ハーネスとリードがひも状につながったタイプは、すっぽ抜けしやすいので、ベスト型（右写真）に慣れさせましょう。

重たい猫砂や大きい容器は、流動的な対応を

猫砂は紙系なら軽いですが、猫が好みやすい鉱物系の砂は重量があって持ち出すのは大変。最近では小さい粒で軽量のタイプもあるので、平常時のトイレの一つに混ぜて慣れさせておくといいでしょう。猫砂を運べないときは、避難先で新聞紙を細かくちぎったり、砂や土を活用するなど、流動的な対応を。トイレ容器は、運びやすい折りたたみ式が便利。

猫砂は、万が一のときに人の排泄にも使える

メーカーから推奨されているわけではありませんが、凝固力が高い猫砂や、吸水力が高いペットシーツは、万が一のとき、人の排泄にも活用できるようです。人の非常用トイレもありますが、断水が続いて使い切ってしまうことも考え、猫砂やペットシーツを多めにストックしておくと安心でしょう。

ハーネスを着けてくれたら、おやつなどのごほうびを

最期を迎えるその日まで、寄り添って

絆を絶やさず、**最期まで愛情と責任を持ってお世話するのは、飼い主さんの責任**です。最期が近くなると介護や終末期医療（ターミナルケア）を必要とする場合もあり、実際、高齢猫のお世話は大変な面もあります。それでも、がんこで甘えん坊になったり、のんびり穏やかに動くようになったり、といった特徴は長年連れ添った相手だからこそ、愛しくも感じられるのではないでしょうか。

飼育環境等により個体差はありますが、**猫はおよそ11才で、人の還暦頃**に。そして老化が進むと病気がちになります。突然元気になったかと思ったら「甲状腺機能亢進症」だったり、水をたくさん飲むようになったら（飲水量がふだんの倍以上か、体重1kgあたり50ml以上が目安）、「慢性腎臓病」や「糖尿病」などの病気のサインということもあります。猫の心や体の変化をよく観察し、加齢に合わせた暮らしを整えてあげましょう。

〈老化による猫の行動の変化〉

- 呼ばれても、反応が鈍くなる
- 寝ている時間が長く、運動量が減る
- ジャンプ力が衰え、高いところへ行けなくなる
- 排泄の失敗が増える　など

高齢猫の暮らしのケア

ジャンプをとまどう
様子があれば
段差を増やす
トイレを
またぎにくそうなら、
手前にステップを
置く
狩猟本能は
なくならない。
おもちゃを目で追わせる
だけでも刺激に
寝てばかりでも
かまわないのではなく、
スキンシップで
健康チェックはする
屈まなくても
飲食しやすい
高さのある器に。
水をたくさん飲む
ようなら受診を

〈巻末資料〉

「動物の愛護及び管理に関する法律」のおもな改正内容（2019年）

黒字…2020年6月1日施行　青字…公布から2年以内施行 赤字…公布から3年以内施行

1．動物の所有者等が遵守すべき責務規定を明確化

2．第1種動物取扱業による適正飼養等の促進等

①登録拒否事由の追加

②環境省令で定める遵守基準を具体的に明示

遵守基準：飼養施設の構造・規模、環境の管理、繁殖の方法等

③犬猫の販売場所を事業所に限定

④出生後56日（8週）を経過しない犬猫の販売等を制限

3．動物の適正飼養のための規制の強化

①適正飼養が困難な場合の繁殖防止の義務化

②都道府県知事による指導、助言、報告徴収、立入検査等を規定

③特定動物（危険動物）に関する規制の強化

愛玩目的での飼養等を禁止・特定動物の交雑種を規制対象に追加

④動物虐待に対する罰則の引き上げ

殺傷：懲役5年、罰金500万円（←懲役2年、罰金200万円）

虐待・遺棄：懲役1年、罰金100万円（←罰金100万円）

4．都道府県等の措置等の拡充

①動物愛護管理センターの業務を規定
②動物愛護管理担当職員の拡充
③所有者不明の犬猫の引取りを拒否できる場合を規定

5．マイクロチップの装着等

①犬猫の繁殖業者等にマイクロチップの装着・登録を義務付ける（義務対象者以外には努力義務を課す）
②登録を受けた犬猫を所有した者に変更届出を義務付ける

6．その他

①殺処分の方法に係る国際的動向の考慮
②獣医師による虐待の通報の義務化
③関係機関の連携の強化
④地方公共団体に対する財政措置
⑤施行後５年を目途に必要な措置を講ずる検討条項

参考：「第51回動物愛護部会」配付資料（環境省）

小さな積み重ねで、暮らしは変わる。

参考文献

- 「動物の愛護及び管理に関する法律（昭和48年法律第105号）－令和元年６月改正反映版－」
- 「動物の愛護及び管理に関する法律等の一部を改正する法律　新旧対照表」（環境省）
- 動物愛護部会 第51～55回 配布資料（環境省）
- 社会福祉施策と連携した多頭飼育対策に関する検討会 第１～３回 配布資料（環境省）
- 環境省パンフレット「猫の適正譲渡ガイドブック」「宣誓！ 無責任飼い主０宣言!!」「もっと飼いたい？」「ふやさないのも愛」「飼う前も、飼ってからも考えよう」「譲渡でつなごう！ 命のバトン」「飼い主のためのペットフード・ガイドライン」「共に生きる 高齢ペットとシルバー世代」「マイクロチップを装着しましょう」
- 環境省サイト内「動物の適正な取扱いに関する基準等」「動物愛護管理法」「希少種とノネコ・ノラネコ」
- 「with PETs」猫特集「猫を知る（今泉忠明監修、本木文恵・宮村美帆）」「猫の適正飼養（服部 幸監修、富田園子）」（公益社団法人日本愛玩動物協会）
- 『猫を極める本』（服部 幸／インターズー）
- 「愛玩動物飼養管理士１級・２級 教本」（公益社団法人日本愛玩動物協会）
- 『ねこの法律とお金』（渋谷 寛監修／廣済堂出版）
- 『世界の美しい野生ネコ』（フィオナ・サンクイスト＆メル・サンクイスト著、今泉忠明監修／エクスナレッジ）
- 「別冊日経サイエンス『犬と猫のサイエンス』」（日経サイエンス社）
- 「壱岐カラカミ遺跡I －カラカミ遺跡東亞考古学会第２地点の発掘調査－」（宮本一夫編）第６章 カラカミ遺跡出土の動物遺存体（納屋内高史＆松井 章著）
- 「国立歴史民俗博物館研究報告」第201集
- 『猫が幸せならばそれでいい』（入交眞巳／小学館）
- 『新猫種大図鑑』（ブルース・フォーグル著、小暮規夫監修／ペットライフ社）
- 『イラストでみる猫学』（林 良博監修、他著／講談社）
- 『ドメスティック・キャット』（デニス・C・ターナー＆パトリック・ベイトソン編著、森 裕司監修／チクサン出版社）
- 大阪府サイト内「犬・猫を10頭以上飼育されている方へ」、埼玉県サイト内「犬猫を10頭以上飼っている方へ」、神奈川県サイト内「多頭飼育届出制度」、千葉県サイト内「犬・猫の多頭飼養の届出について」、茨城県サイト内「犬又は猫の多頭飼養届」
- 「White Fur, Blue Eyes, and Deafness in the Domestic Cat」（Donald R. Bergsma & Kenneth S. Brown）
- 『ネコの毛並み －毛色多型と分布－』（野澤 謙／裳華房）
- 公益社団法人大阪市獣医師会サイト内「子猫リレー事業」
- 『ジャクソン・ギャラクシーの猫を幸せにする飼い方』（ジャクソン・ギャラクシー ＆ミケル・デルガード／エクスナレッジ）
- 公益社団法人日本動物福祉協会サイト内「動物福祉について」「動物虐待について」
- 「建築知識」2018年2月号（エクスナレッジ）
- 『キリンが笑う動物園 －環境エンリッチメント入門－』（上野吉一／岩波書店）
- 「猫が健康で快適に過ごせる環境についてのガイドライン」（ISFM & AAFP）
- アメリカ動物虐待防止協会（ASPCA）サイト内「ANIMAL POISON CONTROL」
- 東京都水道局サイト内「水道のマメちしき」
- 「犬と猫のワクチネーションガイドライン」（WSAVA）
- JSFMサイト内「キャット・フレンドリー・クリニック」
- 厚生労働省サイト内「重症熱性血小板減少症候群（SFTS）に関するQ&A」
- 国立感染症研究所サイト内「マダニ対策、今できること（2019年7月20日改訂）」
- 「災害時におけるペットの救護対策ガイドライン」（環境省）
- 公益社団法人日本獣医師会サイト内「マイクロチップを用いた動物の個体識別」
- AIPOパンフレット「12mmの安心」
- 動物検疫所サイト内「ペットの輸出入」

監修：服部 幸（はっとり ゆき）

「東京猫医療センター」（東京都江東区）院長。「ねこ医学会(JSFM)」CFC理事。2005年から猫専門病院長を務める。2012年に東京猫医療センターを開院し、翌年、国際猫医学会(ISFM)からアジアで２件目となる「キャット・フレンドリー・クリニック」のゴールドレベルに認定される。

写真：Riepoyonn（たむらりえ）

神奈川県在住の愛猫家。最愛の猫「みかん」との出会いをきっかけにInstagramを始め、世界中の猫好きを魅了する。現在は、おにいちゃん猫の「そら」と、きょうだい猫「アメリ」「カヌレ」の３匹の元保護猫を家族に迎え、その姿を愛情いっぱいに撮り続けている。

Instagram：@Riepoyonn　Twitter：@SoraAmeCane

blog：「双子猫のアメカヌちゃん＆そら」

特別協力：今泉忠明（動物学者）

　　　　　石森信雄（地域猫活動アドバイザー）

猫からのおねがい
猫も人も幸せになれる迎え方＆暮らし

2020年3月24日　第１刷発行

監　　修　　服部 幸（「東京猫医療センター」院長）
写　　真　　Riepoyonn（たむらりえ）
編集・文　　本木文恵
デザイン　　柳谷志有（nist）
イラスト　　山村裕一（Cyklu）
校　　正　　株式会社ぷれす
印刷・製本　株式会社シナノ書籍印刷

発 行 人　本木文恵
発 行 所　ねこねっこ（猫の本 専門出版）
東京都墨田区京島1-17-4 2F
tel.050-5373-8637
fax.03-4335-0982
info@neco-necco.net
https://neco-necco.net/

ISBN 978-4-910212-00-5　C0077

本書の売り上げの一部を、犬猫のための福祉活動へ寄付します。